水利水电工程勘测设计
施工管理与水文环境

张　兵　史洪飞　吴祥朗　著

北京工业大学出版社

图书在版编目（CIP）数据

水利水电工程勘测设计施工管理与水文环境 / 张兵，
史洪飞，吴祥朗著． — 北京 ：北京工业大学出版社，
2020.4（2021.8 重印）
　　ISBN 978-7-5639-7350-7

　　Ⅰ．①水… Ⅱ．①张… ②史… ③吴… Ⅲ．①水利水
电工程－水利工程测量 ②水利水电工程－施工管理 ③水利
水电工程－水文环境 Ⅳ．① TV221 ② TV512

　　中国版本图书馆 CIP 数据核字（2020）第 061537 号

水利水电工程勘测设计施工管理与水文环境
SHUILI SHUIDIAN GONGCHENG KANCE SHEJI SHIGONG GUANLI YU SHUIWEN HUANJING

著　　者：张　兵　史洪飞　吴祥朗
责任编辑：刘　蕊
封面设计：点墨轩阁
出版发行：北京工业大学出版社
　　　　　　（北京市朝阳区平乐园 100 号　邮编：100124）
　　　　　　010-67391722（传真）　　bgdcbs@sina.com
经销单位：全国各地新华书店
承印单位：三河市明华印务有限公司
开　　本：710 毫米 ×1000 毫米　1/16
印　　张：7.75
字　　数：155 千字
版　　次：2020 年 4 月第 1 版
印　　次：2021 年 8 月第 2 次印刷
标准书号：ISBN 978-7-5639-7350-7
定　　价：35.00 元

前　言

　　水利水电工程是国民经济的基础设施建设工程，是水资源合理开发、有效利用和水旱灾害防治的主要工程措施。在解决我国水资源短缺、洪涝灾害、环境保护、水土流失等问题中，水利工程的建设起到了无可替代的作用。工程项目的施工是一项多工种、多专业的复杂的系统工程，要使施工全过程顺利进行，以期达到预定的目标，就必须用科学的方法进行施工管理。施工组织设计是研究施工条件、选择施工方案、对工程施工全过程实施组织和管理的指导性文件，是编制工程投资估算、设计概算和招标投标文件的主要依据。施工组织是施工管理的重要组成部分，施工组织总设计是以整个建设项目为对象编制的，是用以指导整个工程项目施工全过程施工活动的全局性、控制性文件。施工组织总设计可以推进工程建设进展，合理安排工期，提高工程建设效益和质量，降低工程成本。

　　本书共五章，其中：第一章是水文环境与水利水电工程，内容包括水文循环与水量平衡应用，降水、蒸发与下渗，河流、流域与径流及水利水电工程项目概述；第二章详细解析了水文地质勘测及其技术选择；第三章论述水利水电工程施工组织设计与准备；第四章从水利水电工程施工进度控制、成本控制、质量控制、安全控制四个方面解读水利水电工程施工管理。第五章水利水电工程项目评估，内容包括水利水电工程项目评估概述，项目前评价与项目后评价。

　　本书有以下两方面特点值得一提：

　　第一，可读性。由于建筑工程从业人员大多工作繁忙，简明到位地阐述问题有助于读者理解本书的内容，又可以节省读者的时间和精力。因此，笔者在本书撰写过程中一直坚持"简洁易懂"的撰写原则，让本书具有很强的可读性。

　　第二，应用性。应用性是撰写本书的主旨。在撰写过程中，笔者始终围绕这一宗旨对材料进行取舍。

　　本书的撰写得到了许多专家学者的指导和帮助，在此表示诚挚的谢意。由于笔者水平有限，加之时间仓促，书中有不足之处在所难免，欢迎各位读者批评指正，笔者会在日后进行修改，使之更加完善。

目 录

第一章　水文环境与水利水电工程

本章主要阐述水文环境与水利水电工程的基础知识，紧密结合实际需求，基础知识覆盖面广，概念原理简明实用，为本书提供相关的理论支撑。

第一节　水文循环与水量平衡应用

一、水文循环

自然界的水文循环是地球上一个重要的自然过程，它通过降水、蒸散发、下渗、地面径流与地下径流等环节，将大气圈、水圈、岩石圈与生物圈联系起来，并在它们之间进行水量和能量交换。[①] 正是由于水文循环，大气水、地表水、土壤水和地下水之间才能相互转化，形成不断更新的统一系统。也正是由于水文循环作用，水资源才能够成为可再生资源，才能被人类及一切生物持续利用。

（一）水文循环现象

地球上的水以液态、固态和气态的形式分布于海洋、陆地、大气和生物体内，这些水体构成了地球的水圈。水圈中的各种水体在太阳能和大气运动的驱动下，不断地从水面（江、河、湖、海等）、陆面（土壤、岩石等）和植物的茎叶表面，通过蒸发或散发以水汽形式进入大气圈。在适当的条件下，大气圈中的水汽可以凝结成小水滴，小水滴相互碰撞合并成大水滴，当凝结的水滴大到能克服空气阻力时，就在地球引力的作用下，以降水形式降落到地球表面。到达地球表面的降水，一部分在分子力、毛管力和重力的作用下通过地面渗入地下；一部分则形成地面径流，主要在重力作用下流入江、河、湖泊，再汇入海洋；还有

---

① 陈婷，夏军，邹磊．汉江上游流域水文循环过程对气候变化的响应 [J].中国农村水利水电，2019（9）：1-7.

一部分通过蒸发和散发重新逸散到大气圈。渗入地下的那部分降水，或者被土壤颗粒吸收变成土壤水，再经蒸发或散发回到大气中，或者以地下水形式排入江、河、湖泊，再汇入海洋。水圈中的各种水体在太阳辐射和地心引力作用下形成的这种不断蒸发、水汽输送、凝结、降落、下渗、地面和地下径流的往复循环过程，称为水文循环，又称为水分循环或水循环。水文循环的范围贯穿整个水圈，向上延伸到地表以上10km左右，下至地表以下平均1km深处。

全球发生水文循环的主要原因有多个方面：一是水的"三态"变化，为内因，即水在常温下就能实现固态、液态和气态之间的相互转化而不发生化学变化；二是地心引力和太阳辐射，为外因。内因是根据，外因是条件，内因通过外因起作用。水文循环的发生，二者缺一不可。

（二）水文循环分类

研究自然界的水文循环，习惯上将地球概化为两大系统，即海洋系统和陆地系统。两个系统之间有水分交换的水文循环称为大循环或称外循环，只在海洋系统内部或者只在陆地系统内部发生的水文循环称为小循环或内循环。大循环是指从海洋蒸发的水汽，除了大部分形成降水回归到海洋以外，其余部分被气流输送到大陆上空，形成降水，其中一部分以地面和地下径流的形式通过河流汇入海洋，另一部分重新蒸发返回大气。在大循环运动中，海洋从空中向陆地输送大量水汽，陆地则以地表水和地下水的形式输送到海洋里。当然，在运行的过程中，陆地系统也向海洋系统输送水汽，但与海洋向陆地输送的水汽相比，其量很少。海洋是陆地降水的主要水汽来源。从海洋蒸发的水汽在海洋上空凝结后，以降水的形式降落至海洋里，或陆地上的水经蒸发凝结后又降落到陆地上，前者称为海洋小循环，后者称为陆地小循环。陆地小循环对内陆地区的降水有着重要作用。因为内陆地区远离海洋，从海洋直接输送至内陆的水汽量有限，而且很难直接抵达内陆腹地，所以，陆地系统一个个局部地区的水文循环，能够使水汽逐步向内陆腹地输送，这成为内陆腹地主要的水汽来源。由于水汽在向内陆输送的过程中，沿途会逐渐损耗，故内陆距离海洋越远，得到的水汽量越少，降水量也就越小。[①]

按照研究尺度的不同，水文循环又可以分为全球水文循环、流域或区域水文循环和水－土壤－植物系统水文循环三种。全球水文循环是空间尺度最大的水文循环，也是最完整的水文循环，它涉及海洋、大气、陆地之间的相互作用，

---

① 刘涛.水文地质问题对工程地质勘查的影响研究 [J].农业科技与信息，2019（21）：109-110.

与全球气候变化关系密切。流域或区域水文循环等同于流域降雨径流形成过程。降落到流域上的雨水，首先满足植物截留、填洼和下渗，剩余的雨水形成地面、地下径流，汇入河网，再流至流域出口断面。流域或区域水文循环的空间尺度一般 1～10 000km，相对于全球水文循环而言，它是一种开放式的水文循环。水-土壤-植物系统是一个由水分、土壤和植物构成的三者之间相互作用的系统，其特殊意义在于将水文循环与植物系统联系起来。渗入土壤的雨水会被植物根系吸收，在植物生理作用下通过茎、叶等器官的输送维持了植物的生命过程，并通过叶面蒸腾散发回到大气中；水-土壤-植物系统水文循环也是一个开放式的循环系统。

（三）水文循环的作用

水文循环是地球上最重要、最活跃的物质循环，它对自然环境的形成、演化和人类的生存产生巨大影响。水文循环主要产生以下三方面的作用。[①]

1. 影响气候变化

通过植物、地面蒸散发进入大气的水汽是产生云、雨和闪电等现象的主要物质基础。蒸散发产生水汽，水汽凝结成雨（冰、雪），吸收或放出大量潜热。空气中的水汽含量直接影响气候的湿润或干燥，调节地面气候。

2. 改变地表形态

降水形成的径流，冲刷和侵蚀地面，形成沟溪江河；水流搬运大量泥沙，可淤积成冲积平原；渗入地下的水，溶解岩层中的物质，富集盐分，输入大海；易溶解的岩石受到水流强烈侵蚀和溶解作用，可形成岩溶地貌。

3. 形成再生资源

水文循环形成了巨大的、可以重复使用的水资源，使人类获得永不枯竭的水源和能源，为一切生物提供不可缺少的水分；大气降水把天空中游离的氮素带到地面，滋养植物；陆地上的径流又把大量的有机质送入海洋，供养海洋生物；而海洋生物又是人类食物和制造肥料的重要来源。

当然，水文循环所带来的洪水和干旱，也会给人类和生物造成威胁。

（四）水文循环的意义

自然界水文循环对人类的生存、社会经济的发展具有不可替代的作用，其意义十分重大。它的存在，不仅是水资源和水能资源可再生的根本原因，而且也是地球上具有千姿百态自然景观的重要条件之一。但是，由于太阳能在地球

---

① 水利部水文局组织.水文学概论［M］.北京：中国水利水电出版社，2017.

上分布不均匀，而且时间上也有变化，主要由太阳能驱动的水文循环导致了地球上降水量和蒸发量的时空分布不均匀，因此，地球上有了湿润地区和干旱地区的区别，也有了多水季节和少水季节、多水年和少水年的区别，就连地球上发生洪、涝、旱灾害也与之密切相关。

水文循环还是自然界众多物质循环中最重要的一种。水是良好的溶剂，水又具有携带物质的能力，因此，自然界有许多物质，如泥沙、有机质和无机质均会以水作为载体，参与各种物质（如碳、氮、磷等）循环。

研究水文循环的目的，在于认识它的基本规律，揭示其内在联系，这对于合理开发利用水资源，抗御洪旱灾害，改造自然，利用自然都具有十分重要的意义。

二、地球上的水及水量平衡

（一）地球上的水

1. 地球上的水的分布

地球上的地理圈由大气圈、水圈、岩石圈和生物圈构成。水圈包括地球上所有形式的水，主要包括大气水、地面水、地下水和生物水四部分。地面水主要指储存于海洋、湖泊、河流、冰川、水库、沼泽等水体中的水，它是地球上水量组成的主要部分。地下水通常指赋存于土壤和岩石孔隙、洞穴、溶穴中的水。大气水是指存在于地球大气层中的水汽。生物水是指地球上一切生物体内的水分。

全球地表水主要分海洋和陆地两大部分，海洋面积占地球表面积的71%，所以从太空看地球是蓝色的，故地球有"水的行星"之称。地球是一个水量丰富的星球，同时对人类来说又是一个水资源短缺的星球。可开发利用水资源的紧缺必然制约经济社会的发展和人类文明的进步，水资源的可持续开发利用已成为人类社会可持续发展的必要前提。

2. 地球上的水的更新

水文循环的周而复始、永不停息导致地球上的各种水体中的水得到不断更新。水体中的水全部更新一次所需要的时间称为更新周期。

水体的更新周期可用式（1-1）计算

$$t_r = \frac{s}{q} \tag{1-1}$$

式中：s 为水体的储量，m^3；q 为流量，m^3/s；t_r 为水体更新周期，s。

（二）水量平衡

1. 水量平衡原理

水量平衡是物质不灭定律在水文学中的具体应用，是定量研究水文现象的基本工具。应用水量平衡原理可对水文循环建立定量概念，从而了解各循环要素如降水、蒸发、径流、下渗之间的定量关系。[①]

水量平衡是水文学中最重要、最基本的原理，水量平衡方程式是水文学中最重要、最基本的方程式，应用十分广泛。水量平衡是指在水文循环过程中，任一区域（或水体）、任一时段内输入水量与输出水量之差等于其蓄水量的变化量。

2. 水量平衡方程通式

根据水量平衡原理可写出某一区域或水体任一时段 Δt 内的水量平衡方程

$$I-O=\Delta W=W_2-W_1 \tag{1-2}$$

式中：I 为给定时段 Δt 内的输入水量，m^3；

O 为给定时段 Δt 内的输出水量，m^3；

W_1、W_2 为时段 Δt 的初、末蓄水量，m^3；

ΔW 为时段 Δt 内蓄水量的变化量，即 $\Delta W=W_2-W_1$，m^3。

如果 $\Delta W>0$，表示蓄水量增加；

如果 $\Delta W=0$，表示蓄水量不变；

如果 $\Delta W<0$，则表示蓄水量减小。

式（1-2）为最基本的水量平衡方程，应用时有以下两点需要特别注意：一是明确研究的对象；二是要设定计算时段。

研究的对象可以是一个流域，或某一水体，如湖泊、水库等，也可以是流域或水体的一部分，如某一河段，甚至可以是人为划定的某个区域，如水平衡区、行政区。计算时段要根据所研究的问题而定，如果是研究大范围的水量平衡问题，计算时段常取月、年、多年。如果是研究某个不大的水体一般取较短的计算时段，如日、时、分等。

研究水量平衡是对水文循环建立定量的概念，了解组成水文循环各要素降水、下渗、蒸发和径流的作用，解决一个地区或流域的产水量和径流的出流过程；根据水量平衡由某些已知水文要素推求待定的水文要素（如已知降水、径

---

① 李淑君，胡秋灵. 项目区水量供需平衡分析 [J]. 河南水利与南水北调，2019，48（7）：34-35.

流推求损失量）。水量平衡原理除了用来定量计算水文循环各要素间数量关系外，还被广泛应用于水文预报、水文水利计算等方面的计算问题，如河道洪水演算、水库调洪计算等，同时还可以用来对水文测验、资料整编、预报和计算的成果进行合理性检查分析并评价成果的精度。

水量平衡分析还是水资源现状评价与供需预测研究工作的核心。从降水、蒸发、径流等基本资料的代表性分析开始，到进行径流还原计算，再到研究大气水、地表水、土壤水、地下水等四水转化关系，以及区域水资源总量评价，基本上都是根据水量平衡原理进行的。水资源开发利用现状以及未来的供需平衡计算，更是围绕着用水、需水与供水之间能否平衡的研究展开的，所以水量平衡分析是水资源研究的基础。

在流域规划，水资源过程系统规划与设计中，同样离不开水量平衡工作。它不仅为过程规划提供基本涉及参数，而且可以评价过程建设后可能产生的实际效益。

此外，在水资源工程正式投入运行后，水量平衡方法又往往是恰当地协调各部门用水要求，进行合理调度，科学管理，充分发挥用水效益的重要手段。

3. 水量平衡应用

下面以水利枢纽——水库为例说明水量平衡在实际中的应用。

陆水流域位于鄂东南主要暴雨区内，流域面积为 3950km²，年径流量为 29 亿 m³。陆水河为长江中游南岸的一级支流，源出湘、鄂、赣三省交界的幕阜山北麓，流经湖北省的通城、崇阳、赤壁、嘉鱼四县市，在赤壁古战场下游的洪庙注入长江，全长 183km。陆水水系发育总体呈羽状分布，河长大于 5km 的支流有 98 条，比较长的有 6 条。地势大致为东南高，西北低，中上游多山岳、丘陵，下游多湖泊、洼地，一般高程为 25 ~ 800 米。干流河源至马港，河道穿行于峡谷间；马港以下，逐渐开阔；从大沙坪进入崇阳盆地，至洪下村附近地势隆起，又为峡谷河段；赤壁市以下进入平原区，河道弯曲。

陆水蒲圻水利枢纽位于陆水干流山谷出口处的湖北省赤壁市城区东南侧，是为了加快三峡工程工作进程而修建的三峡实验坝。枢纽控制流域面积 3 400km²，占全流域面积的 86.1%。枢纽下游距京广铁路蒲圻铁路桥 2km，距 107 国道蒲圻公路桥 3km，地理位置十分重要。除承担试验任务外，该水利枢纽还有防洪、灌溉、发电、城镇工业及生活供水、航运、养殖等任务。

陆水水库为流域内最大水库，总库容为 7.06 亿 m³，防洪库容 5、6 月份为 1.631 亿 m³，7 月以后仅 0.59 亿 m³。水库对下游承担 15 年一遇的防洪保护任务，相应的入库洪峰流量为 6 080m³/s，最大出库流量不超过 3 000m³/s。而 15 年一遇洪水最大 24 小时洪量为 4 亿 m³，7 日洪量为 9.68 亿 m³。洪水来量大、防洪库容小、汇流历时短是陆水的防汛特点和难点。

为修建陆水蒲圻水利枢纽以及枢纽防洪调度，陆水流域兴建和完善了一批水文站、雨量站、水位站。2015 年 11 月，长江水利委员会在陆水流域共设有水文站 6 个、水位站（包括汛期站）16 个、雨量站 20 个和蒸发站 1 个，各类站点均具有 30 年以上的历史。通城水文站是咸宁水文局在隽水河上设立的控制站。以下是 3 个陆水流域水文站站点的一些资料，主要情况详见表 1-1。

表 1-1　陆水流域水文站基本情况统计表

设站时间	站名	实测资料年限／年	流域面积/km²	备注
1959 年	崇阳（二）水文站	56（1959—2014 年）	2200	入库控制站
1960 年	白霓桥（二）水文站	54（1961—2014 年）	215	入库控制站
1960 年	毛家桥（二）水文站	54（1961—2014 年）	364	入库控制站
1958 年	南渠	—	—	出库引水
1958 年	北渠	—	—	出库引水

第二节　降水、蒸发与下渗

一、降水

降水是水分循环的一个重要环节，也是陆地水资源的主要补给来源，因此降水是最为重要的气象因素。降水是指空中的水汽以液态或固态形式从大气到达地面的各种水分的总称，通常表现为雨、雪、雹、霜、露等，其中最主要的形式是雨和雪。在我国绝大部分地区，影响河流水情变化的是降雨。因此，下面重点研究降雨。

（一）降雨的成因

由于地球周围的大气层所处的位置不同，各处的温度和湿度分布不均匀，大气压力也不同，空气由高压区向低压区流动，处在不断运动之中，这便产生了刮风等一系列的天气现象。在气象上，把水平方向物理性质（温度、湿度、气压等）比较均匀的大块空气称为气团。气团按照温度的高低又可分为暖气团和冷气团，一般暖气团主要在低纬度的热带或副热带洋面上形成，冷气团则在高纬度寒冷的陆地上产生。当带有水汽的气团上升时，由于大气的气压下降，上升的空气体积不断膨胀，消耗内能，使空气在上升过程中冷却（称为动力冷却）

降温，空气中的水汽随着气温的降低而凝结。凝结的内核是空气中的微尘、烟粒等。水汽分子凝结成小水滴后聚集成云。小水滴继续吸附水汽，并受气流涡动作用，相互碰撞而结合成大水滴，直到其重量超过上升气流顶托力时则下降成雨。因此，降雨的形成必须要有两个基本条件：一是空气中要有一定量的水汽；二是空气要有动力上升冷却。[①]

（二）降雨的分类

按照空气上升冷却的原因，将降雨分为锋面雨、地形雨、对流雨和台风雨四种类型。

1. 锋面雨

当冷气团与暖气团在运动过程中相遇时，其交界面（实际上为一过渡带）称为锋面，锋面与地面的相交地带称为锋。一般地面锋区的宽度有几十千米，高空锋区的宽度可达几百千米。锋面雨便是在锋面上产生的降雨。按照冷暖气团的相对运动方向将锋面雨分为冷锋雨和暖锋雨。

（1）冷锋雨

当冷气团向暖气团一方移动，二者相遇，因冷空气较重而楔入暖气团下方，迫使暖气团上升，形成冷锋而致雨，就是冷锋雨。冷锋雨一般强度大、历时短，雨区范围小。

（2）暖锋雨

若冷气团相对静止，暖气团势力较强，向冷气团一方推进，二者相遇，暖气团将沿界面爬升于冷气团之上，形成降雨即暖锋雨。暖锋雨的特点是强度小、历时长，雨区范围大。

2. 地形雨

暖湿气团在运移途中，遇到山脉、高原等阻碍，被迫上升冷却而形成的降雨，称为地形雨。地形雨多发生在山的迎风坡，由于水汽大部分已在迎风坡凝结降落，而且空气过山后下沉时温度增高，因此背风坡雨量锐减。地形雨一般随高程的增加而增大，其降雨历时较短，雨区范围也不大。

3. 对流雨

在盛夏季节，当暖湿气团笼罩一个地区时，由于太阳的强烈辐射作用，局部地区因受热不均衡而与上层冷空气发生对流作用，使暖湿空气上升冷却而降雨，称为对流雨。这种雨常发生在夏季酷热的午后，其特点是强度大、历时短、

---

① 方冰. 关于几种类型降雨的成因分析 [J]. 西部大开发：中旬刊，2012（6）：98.

降雨面积分布小，常伴有雷电，故又称为雷阵雨。

4. 台风雨

台风雨是由热带海洋上的风暴带到大陆上来的狂风暴雨。影响我国的热带风暴主要发生在 6 ～ 10 月，以 7 月、8 月、9 月三个月最多。它们主要形成于菲律宾以东的太平洋洋面（约在北纬20°，东经130° 附近），向西或向西北方向移动，影响东南沿海和华南地区各地，若势力很强则可影响到燕山、太行山、大巴山一线。台风雨是一种极易形成洪涝灾害的降雨，加之狂风，破坏性极强。

在以上四种类型中，锋面雨和台风雨对我国河流洪水影响较大。其中锋面雨对大部分地区影响显著，是我国大多数河流洪水的主要来源。台风雨在东南沿海诸地，如广东、海南、福建、台湾、浙江等地发生机会较多，极易造成洪水灾害。

二、蒸发

蒸发是指水由液态或固态转化为气态的物理变化过程，是水分循环的重要环节之一，也是水量平衡的基本要素和降雨径流的一种损失。水文上研究的蒸发为自然界的流域蒸发，它包括水面蒸发、土壤蒸发和植物散发。

水文上的流域蒸发为水面蒸发、土壤蒸发和植物散发之和，即流域总蒸发量。但是其量值在目前还不能用三个量直接相加求出，因为在一个实际流域上，水面蒸发、土壤蒸发和植物散发是很难分别测算出来的，研究者通常把流域当成一个整体进行研究，用水量平衡法或经验公式法间接计算出流域总蒸发量。

水面蒸发是指流域上的各种水体如江河、水库、湖泊、沼泽等，由于太阳的辐射作用，其水分子在不断地运动着，当某些水分子所具有的动能大于水分子之间的内聚力时，便从水面逸出变成水汽进入空中，进而向四周及上空扩散；与此同时，另一部分水汽分子又从空中返回到水面。因此，蒸发量（或蒸发率）是指水分子从水体中逸出和返回的差量。影响水面蒸发的因素主要有气温、湿度、风速、水质及水面大小等。

土壤蒸发是指水分从土壤中逸出的物理过程，也是土壤失水干化的过程。土壤是一种有孔介质，它不仅有吸水和持水能力，而且具有输送水分的能力。因此，土壤蒸发与水面蒸发不同，除了受气象因素影响外，还受土壤中水分运动的影响。另外，土壤含水量、土壤结构等也对土壤蒸发有一定的影响。

对于某种土壤，当气象条件一定时，土壤蒸发量的大小与土壤的供水条件有关。土壤水分按照其所受的作用力不同可以分为结合水、毛管水和自由水。当土壤中只有结合水和毛管水时，其含水量称为田间持水量。它是土壤蒸发供水条件充分与不充分的分界点。因此，根据土壤水分的变化将土壤蒸发分为三个阶段。

①第一阶段。当土壤含水量大于田间持水量时，土壤十分湿润甚至饱和，土中有自由重力水存在，且毛细管可以将下层的水分运送到上层，属于充分供水条件下的蒸发，蒸发量大小只受气象条件的影响，大而稳定。

②第二阶段。由于土壤蒸发耗水作用，土壤含水量不断减少。当其减少到小于田间持水量以后，土壤中毛细管的连续状态将逐渐被破坏，使得土壤内部的水分向上输送受到影响，这时土壤蒸发进入第二阶段，供水条件不如第一阶段充分，土壤蒸发量将随土壤含水量的减少而减少。

③第三阶段。如果土壤含水量继续减少，以至于毛管水不再以连续状态存在于土壤中，毛管向土壤表面输水的机制遭到完全破坏，水分只能以膜状水形式或气态形式向上缓慢扩散，土壤蒸发进入第三阶段。这一阶段由于受供水条件的限制，土壤蒸发进行得非常缓慢，蒸发量也十分小，而且稳定。

植物散发是指植物根系从土壤中吸取水分，通过其自身组织输送到叶面，再由叶面散发到空气中的过程。它既是水分的蒸发过程，也是植物的生理过程。由于植物散发是在土壤—植物—大气之间发生的现象，因此植物散发受气象因素、土壤水分状况和植物生理条件的影响。不同的植物散发量不同；同一种植物在不同的生长阶段散发量也不同，由于植物的光合作用与太阳辐射有关，大约有95%的日散发量发生在白天。当气温降至4℃时，植物生长基本停止，相应地，散发量也变得极小。植物生于土壤，因而植物散发和土壤蒸发总是同时存在的，二者合称为陆面蒸发，它是流域蒸发的主要组成部分。

三、下渗

下渗是指水分从土壤表面向土壤内部渗入的物理过程，以垂向运动为主要特征。天然情况下的下渗主要是雨水的下渗，它是降雨径流中的主要损失，不仅直接决定地面径流量的大小，同时也影响土壤水分和地下水的增长，是连接并转换地表水和地下水的一个中间过程。

（一）下渗过程

水分在土壤中运动所受的作用力分别有分子力、毛管力和重力。重力总是竖直向下的。毛管力则是指向土壤含水量较小的一方。因此，雨水的入渗过程按照所受作用力及运动特征的不同分为三个阶段。

①渗润阶段。假设雨前表土干燥，当雨水降落到地面后，首先受土粒分子力的作用而吸附于土粒表面形成薄膜（称为薄膜水）。

②渗漏阶段。当土粒表面的薄膜水达到最大时，渗润阶段逐渐消失。入渗的雨水在毛管力和重力的作用下，在土壤孔隙中向下做不稳定运动，并逐渐充填土粒孔隙，直到孔隙充满、饱和。

③渗透阶段。当土壤孔隙被水充满达到饱和时，水分主要受重力作用向下做稳定的渗透运动，这为第三阶段，称为渗透阶段。

有时也把渗润阶段、渗漏阶段合称为渗漏阶段。它们共有的特点是非饱和下渗。渗透阶段属于饱和下渗。在实际的下渗过程中，渗漏阶段和渗透阶段并无明显的界限，有时是相互交错的。

（二）下渗的变化规律

从下渗的物理过程可知，水分在不同作用力的作用下由上往下运动，直至补给地下水。下渗的快慢可用下渗率来表示。所谓下渗率，又称下渗强度，是指单位面积上、单位时间内渗入土壤中的水量。充分供水条件下的下渗率称为下渗能力或下渗容量。下渗能力（容量）随时间变化的过程线，称为下渗能力（容量）曲线，下渗能力随时间变化的规律是递减的。

刚开始下渗时，由于土壤干燥，水分主要在分子力的作用下迅速被表层土壤所吸收，此时下渗率最大。随着下渗的继续和土壤含水量的增加，分子力和毛管力也逐渐减弱，下渗率随之递减。当土壤水分达到田间持水量以后，水分主要在重力的作用下下渗，下渗率也逐渐趋于稳定，接近常数。

上述下渗规律是充分供水条件下单点均质土壤的下渗规律，但在天然情况下，雨强和雨型是变化的，供水条件并不一定都充分，有时降雨过程还不连续。另外，土壤性质和土壤水分的时空分布也不均匀。因此，实际流域在降雨过程中，下渗是非常复杂而多变的，通常是不稳定和不连续的。单点的实际下渗率随时间的变化与降雨时程分配、土壤性质、植被、微地形等因素有关。

天然情况的下渗，其影响因素极其复杂，一般可归为四类：①土壤的机械物理性质及水分物理性质；②降雨特性；③流域地面情况，包括地形、植被等；④人类活动。

第三节 河流、流域与径流

一、河流

（一）河流的概念

河流是水循环的一个重要环节，是汇集一定区域地表水和地下水的泄水通道，由流动的水体和容纳水流的河槽两个要素构成。水流在重力作用下由高处向低处沿地表面的线形凹地流动，这个线形凹地便是河槽。河槽也称河床，含有立体概念，当仅指其平面位置时，称为河道。枯水期水流所占河床称为基本河床或主槽；汛期洪水泛滥所及部位，称为洪水河床或滩地。从更大范围讲，凡是地形低凹可以排泄水流的谷地称为河谷，河槽就是被水流所占据的河谷底部。流动的水体称为广义的径流，其中包含清水径流和固体径流，固体径流是指水流所挟带的泥沙。通常所说径流一般是指清水径流。虽然在地球上的各种水体中，河流的水面面积和水量都最小，但它与人类的关系却最为密切。因此，河流是水文学研究的主要对象。

一条河流按其流经区域的自然地理和水文特点划分为河源、上游、中游、下游及河口五段。河源是河流的发源地，可以是泉、溪涧、湖泊、沼泽或冰川。多数河流发源于山地或高原，也有发源于平原的。确定较大河流的河源，要首先确定干流。一般把长度最长或水量最大的河流称为干流，有时也按习惯确定，如把大渡河看作岷江的支流就是一个实例。汇入干流的支流称为一级支流；汇入一级支流的支流称为二级支流；其余依次类推。由干流与其各级支流所构成脉络相通的泄水系统称为水系、河系或河网。水系常以干流命名，如长江水系、黄河水系等。但是干流和支流是相对的。根据干支流的分布状况，一般将水系分为扇形水系、羽状水系、平行状水系和混合型水系。

划分河流上、中、下游时，有的依据地貌特征，有的着重水文特征。上游直接连接河源，一般落差大，水流急，水流的下切能力强，多急流、险滩和瀑布。中游段坡降变缓，下切力减弱，旁蚀力加强，河道有弯曲，河床较为稳定，并有滩地出现。下游段一般进入平原，坡降更为平缓，水流缓慢，泥沙淤积，常有浅滩出现，河流多汊。河口是河流注入海洋、湖泊或其他河流的地段。内陆地区有些河流最终消失在沙漠之中，没有河口，称为内陆河。

（二）河流的特征

1. 河流的纵横断面

河段某处垂直于水流方向的断面称为横断面，又称过水断面。当水流涨落变化时，过水断面的形状和面积也随之变化。河槽横断面有单式断面和复式断面两种基本形状。

将河流各个横断面最深点的连线称为河流中泓线或溪线。假想将河流从河口到河源沿中泓线切开并投影到平面上所得的剖面称为河槽纵断面。实际工作中常以河槽底部转折点的高程为纵坐标，以河流水平投影长度为横坐标绘出河槽纵断面图。

2. 河流长度

一条河流，自河口到河源沿中泓线量计的平面曲线长度称为河长。一般在大比例尺（如 1 ：10000 或 1 ：50000 等）地形图上用分规或曲线仪量计，在数字化地形图上可以应用有关专业软件量计。

3. 河道纵比降

河段两端的河底高程之差称为河床落差，河源与河口的河底高程之差为河床总落差。单位河长的河床落差称为河道纵比降，通常以千分数或小数表示。当河段纵断面近似为直线时，比降可按下式计算。

$$J = \frac{Z_{上} - Z_{下}}{l} = \frac{\Delta Z}{l} \tag{1-3}$$

式中：J 为河段的纵比降；$Z_{上}$，$Z_{下}$ 为河段上、下断面河底高程，m；l 为河段的长度，m。

当河段的纵断面为折线时，可用面积包围法计算河段的平均纵比降。具体做法是：在河段纵断面图上，通过下游端断面河底处向上游作一条斜线，使得斜线以下的面积与原河底线以下的面积相等，此斜线的坡度即为河道的平均纵比降。计算公式为

$$J = \frac{(Z_0 + Z_1)l_1 + (Z_1 + Z_2)l_2 + \cdots + (Z_{n-1} + Z_n)l_n - 2Z_0L}{L^2} \tag{1-4}$$

式中：Z_0，Z_1，$\cdots$，Z_n 为河段自下而上沿程各转折点的河底高程，m；l_0，l_1，$\cdots$，l_n 为相邻两转折点之间的距离，m；L 为河段总长度，m。

二、流域

（一）流域的概念

河流某一断面以上的集水区域称为河流在该断面的流域。当不指明断面时，流域是对河口断面而言的。流域的边界为分水线，即实际分水岭山脊的连线。例如，秦岭是长江与黄河的分水岭，降在分水岭两侧的雨水将分别流入两条河流，其岭脊线便是这两大流域的分水线。但并不是所有的分水线都是山脊的连线，如在平原地区，分水线可能是河堤或者湖泊等，像黄河下游大堤，便是海河流域与淮河流域的分水岭。

由于河流是汇集并排泄地表水和地下水的通道，因此分水线有地面与地下之分。当地面分水线与地下分水线完全重合时，该流域称为闭合流域；否则，称为非闭合流域。非闭合流域在相邻流域间有水量交换。

实际上，很少有严格的闭合流域，一般当地面分水线和地下分水线不一致所引起的水量误差相对不大时，均可按闭合流域对待。工程上通常认为，除岩溶地区外，一般大中流域均可看成是闭合流域。

（二）流域的特征

流域特征包括几何特征、地形特征和地理特征。

1. 几何特征

流域的几何特征包括流域面积（或集水面积）、流域长度和流域平均宽度。

（1）流域面积

流域面积是指河流某一横断面以上，由地面分水线所包围的不规则图形的面积。若不强调断面，则是指流域出口断面以上的面积，以 km^2 计。一般可在适当比例尺的地形图上先勾绘出流域分水线，然后用求积仪或数方格的方法量出其面积，当然在数字化地形图上也可以用有关专业软件量计。

（2）流域长度

流域长度是指流域几何中心轴的长度。对于大致对称的较规则流域，其流域长度可用河口至河源的直线长度来计算；对于不对称流域，可以流域出口为中心作若干个同心圆，求得各同心圆圆周与流域分水线交得的若干圆弧割线中点，这些割线中点的连线长度，即为流域长度。

（3）流域平均宽度

流域平均宽度是指流域面积与流域长度的比值。集水面积近似相等的两个流域，流域长度越长，流域平均宽度越窄；流域长度越短，流域平均宽度越宽。

前者径流难以集中，后者则易于集中。

2. 地形特征

流域的地形特征可用流域平均高度和流域平均坡度来反映。

（1）流域平均高度

流域平均高度可用网格法和求积仪法来计算。

网格法较粗略，具体做法是：将流域地形图分为 100 个以上网格，内插确定出每个网格点的高程，各网格点高程的算术平均值即为流域平均高度。

求积仪法是在地形图上，用求积仪分别量出分水线内各相邻等高线间的面积，并利用相邻两登高线的平均高程计算。

（2）流域平均坡度

流域平均坡度是指流域表面坡度的平均情况。流域平均坡度也可用网格法计算，即从每个网格点作直线与较低的等高线正交，由高差和距离计算各箭头方向的坡度，作为各网格点的坡度，再将各网格点的坡度取算术平均值，即流域的平均坡度。

3. 地理特征

流域的自然地理特征包括流域的地理位置、气候条件、地形特征、地质构造与土壤性质、植被覆盖、湖泊、沼泽、塘库等。

①地理位置。流域的地理位置主要是指流域所处的经纬度以及距离海洋的远近。一般情况下，低纬度和近海地区降水多，高纬度地区和内陆地区降水少。例如，我国的东南沿海一带降水就多，而华北、西北地区降水就少，尤其是新疆的沙漠地区更少。

②气候条件。流域的气候条件主要包括降水、蒸发、温度、风等。其中，对径流作用最大的是降水和蒸发。

③地形特征。流域的地形可分为高山、高原、丘陵、盆地和平原等，其特征可用流域平均高度和流域平均坡度来反映。同一地理区，不同的地形特征将对降雨径流产生不同的影响。

④地质构造与土壤性质。流域地质构造、岩石和土壤的类型以及水理性质等都将对降水形成的河川径流产生影响，同时也影响到流域的水土流失和河流泥沙。

⑤植被覆盖。流域内植被可以增大地面糙率，延长地面径流的汇流时间，同时加大下渗量，从而使地下径流增多，洪水过程变得平缓。另外，植被还能减少水土流失，降低河流泥沙含量，涵养水源；大面积的植被还可以调节流域

小气候、改善生态环境等。植被的覆盖程度一般用植被面积与流域面积之比的植被率表示。

⑥湖泊、沼泽、塘库。流域内的大面积水体不仅能对河川径流起调节作用，使其在时间上的变化趋于均匀，还能增大水面蒸发量，增强局部小循环，改善流域小气候。湖泊、沼泽、塘库在流域内所占的比重大小通常用湖沼塘库的水面面积与流域面积之比的湖沼率来表示。

以上各种特征因素，除气候因素外，都反映了流域的物理性质，它们承受降水并形成径流，直接影响河川径流的数量和变化，所以水文上习惯称为流域下垫面因素。当然，人类活动对流域的下垫面影响也越来越大，如人类在改造自然的活动中修建了不少水库、塘堰、梯田，以及植树造林、城市化等，明显地改变了流域的下垫面条件，因而使河川径流发生变化，影响到水量与水质。在人类活动的影响中也有不利的一面，如造成水土流失、水质污染以及河流断流等。

三、径流

（一）河川径流的补给来源

径流是指江河中的水流。它的补给来源有雨水、冰雪融水、地下水和人工补给等。

我国的江河，按照补给水源的不同大致分为三个区域：秦岭以南，主要是雨水补给，河川径流的变化与降雨的季节变化关系密切，夏季经常发生洪水；东北、华北部分地区为雨水和季节性冰雪融水补给区，每年有春、夏两次汛期；西北阿尔泰山、天山、祁连山等高山地区，河水主要由高山冰雪融水补给，这类河流水情变化与气温变化有密切关系，夏季气温高、降水多、水量大，冬季则相反。

地下水补给是我国河流水源补给的普遍形式，但在不同的地区差异很大。其中，以黄土高原北部、青藏高原以及黔、桂岩溶分布区，地下水补给比例较大。地下水补给较多的河流，其年内分配较均匀。

人工补给主要是指跨流域调水，如我国规划实施的南水北调工程，就是将长江流域的水分别从东线、中线和西线调到黄河流域以及京、津地区，以缓解北方地区的缺水危机。

总体而言，我国大部分地区的河流是以雨水补给为主的。

（二）降雨径流的形成过程

降雨径流是指雨水降落到流域表面上，经过流域的蓄、渗等过程分别从地表和地下汇集到河网，最终流出流域出口的水流。从降雨开始到径流流出流域出口断面的整个物理过程称为径流的形成过程。

降雨径流的形成过程，是一个极其复杂的物理过程，通常将其概括为产流和汇流两个过程。

1. 产流过程

降雨开始时，除了很少一部分降落在河流水面直接形成径流外，其他大部分则降落到流域坡面上的各种植物枝叶表面，首先要被植物的枝叶吸附一部分，成为植物截留量，到雨后被蒸发掉。降雨满足植物截留量后便落到地面上称为落地雨，开始下渗充填土壤孔隙，随着表层土壤含水量的增加，土壤的下渗能力也逐渐减小，当降雨强度超过土壤的下渗能力时，地面就开始积水，并沿坡面流动，在流动过程中有一部分水量要流到低洼的地方并滞留其中，称为填洼量。还有一部分将以坡面漫流的形式流入河槽形成径流，称为地面径流。下渗到土壤中的雨水，按照下渗规律由上往下不断深入。通常由于流域土壤上层比较疏松，下渗能力强，下层结构紧密，下渗能力弱，这样便在表层土壤孔隙中形成一定的水流沿孔隙流动，最后注入河槽，这部分径流称为壤中流（或表层流）。壤中流在流动过程中是极不稳定的，往往和地面径流穿插流动，难以划分开来，故在实际水文分析中常把它归入地面径流。若降雨延续时间较长，继续下渗的雨水经过整个包气带土层，渗透到地下水库中，通过地下水库的调蓄缓缓渗入河槽，形成浅层地下径流。另外，在流出流域出口断面的径流当中，还有与本次降雨关系不大，来源于流域深层地下水的径流，它比浅层地下径流更小、更稳定，通常称为基流。

综上所述，由一次降雨形成的河川径流包括地面径流、壤中流和浅层地下径流三部分，总称为径流量，也称产流量。降雨量与径流量之差称为损失量。它主要包括储存于土壤孔隙中间的下渗量、植物截留量、填洼量和雨期蒸散发量等。可见，流域的产流过程就是降雨扣除损失，产生各种径流成分的过程。

流域特征不同，其产流机制也不同。干旱地区植被差，包气带厚，表层土壤渗水性弱，流域的降雨强度和下渗能力的相对变化支配着超渗雨的形成，一旦有超渗雨形成便产生地面径流，它是次雨洪的主要径流成分，而壤中流和浅层地下径流就比较少。这种产流方式称为超渗产流。对于气候湿润、植被良好、流域包气带透水性强的地区，通常降雨强度很难超过下渗能力，其产流量大小主要取决于流域的前期包气带的蓄水量，与降雨强度关系不大。如果降雨入渗的水量超过流域的缺水量，流域"蓄满"，开始产流，不仅形成地面径流、壤中流，而且也形成一定量的浅层地下径流，这种产流方式称为蓄满产流。超渗产流和蓄满产流是两种基本的产流方式，二者在一定的条件下可以相互转换。

2. 汇流过程

降雨产生的径流，由流域坡面汇入河网，又通过河网由支流到干流，从上游到下游，最后全部流出流域出口断面，称为流域的汇流阶段。因为流域面积是由坡面和河网构成的，所以流域汇流又可分为坡面汇流和河网汇流两个小过程。坡面汇流是指降雨产生的各种径流从坡地表面、饱和土壤孔隙及地下水库中分别注入河网，引起河槽中水量增大、水位上涨的过程。当然，这几种径流由于所流经的路径不同，各自的汇流速度也就不同。一般地面径流最快，壤中流次之，地下径流则最慢。所以，地面径流的汇入是河流涨水的主要原因。汇入河网的水流，沿着河槽继续下泄，便是河网汇流过程。在这个过程中，涨水时河槽可暂时滞蓄一部分水量而对水流起调节作用。当坡面汇流停止时，河网蓄水往往达到最大，此后则逐渐消退，直至恢复到降雨前河水的基流上。这样就形成了流域出口断面的一次洪水过程。

产流和汇流两个过程，不是相互独立的，实际上几乎是同时进行的，即一边有产流，一边也有汇流，不可能截然分开，整个过程非常复杂。出口断面的洪水过程是全流域综合影响和相互作用的结果。

（三）径流分析的表示方法

径流分析计算中，常用的径流表示方法有下列几种。

①流量 Q。单位时间通过河流某一断面的水量称为流量，单位为 m^3/s。

②径流量 W。一定时段内通过河流某一断面的水量，称为该时段的径流总量，或简称为径流量，如月径流量、年径流量等。常用单位有 m^3 或万 m^3、亿 m^3 等。有时也用时段平均流量与对应历时的乘积表示径流量的单位，如（m^3/s）·月、（m^3/s）·天等。径流量与平均流量的关系为

$$W = QT \tag{1-5}$$

式中：W 为计算时段的平均流量，m^3/s；T 为计算时段，s。

③径流深 Y。将一定时段的径流总量平均铺在流域面积上所得到的水层深度，称为该时段的径流深，以 mm 计，其计算公式为

$$Y = \frac{W}{1\,000F} \tag{1-6}$$

式中：W 为计算时段的径流量，m^3；F 为河流某断面以上的流域集水面积，km^2。

④径流模数 M。单位流域面积上所产生的流量，如洪峰流量、年平均流量等，相应地称为洪峰流量模数、年平均流量模数（或年径流模数），常用单位为 $m^3 \cdot s^{-1} \cdot km^{-2}$，其计算公式为

$$M = \frac{Q}{F} \qquad (1-7)$$

第四节　水利水电工程项目概述

一、水利水电工程项目的概念

水利水电工程项目是指在一定约束条件下（人、财、物、时间等资源），按照一个总体设计进行建设，在经济上实行独立核算，在行政上由投资者实行统一管理，以形成固定资产为主要目标的一类项目。

水利水电工程项目包括防洪、除涝、灌溉、水力发电、供水、围垦、水土保持、移民、水资源保护等工程（含新建、扩建、改建、加固、修复）及其配套和附属工程项目。

水利水电工程是一类重要的传统项目，也是较早引入项目管理理论与方法的领域之一。通过鲁布革水电站、广州抽水蓄能电站、小浪底水利枢纽、三峡水利枢纽和南水北调等一批大中型水利水电工程项目管理的实践探索，我国水利水电工程建设取得了许多重大成就，其项目管理的整体水平已达到世界先进水平。按照水利水电工程生产组织的特点，一个项目往往由众多单位承担不同的任务，而各参与单位因其工作性质、工作任务和利益的不同，形成了业主方、设计方、承包方、供货方和总承包方等不同类型的项目管理，其中，业主方的管理是水利水电工程项目管理的核心，其他各方的管理除了服务于各自的利益以外，都应共同服务于水利水电工程项目的利益。

二、水利水电工程项目的分解

（一）一般项目结构分解

水利水电工程项目可以由一个或多个单项工程组成。为了满足项目管理的需要，采用工程分解结构等工具，将水利水电工程项目依次划分为单项工程、单位工程、分部工程和分项工程。

1. 单项工程

单项工程是指具有"三独立"的工程组合体，即具有独立设计文件、独立

施工组织设计、建成后能独立发挥设计生产能力或效益的工程组合体。单项工程是水利水电工程项目的组成部分。例如，水电站工程可以划分为拦河坝、泄流、引水、发电厂房、变电站等单项工程。

2. 单位工程

单位工程是指具有独立设计文件、有独立施工组织设计、建成后不能独立发挥设计生产能力或效益的工程组合体，它是单项工程的组成部分。按照单项工程各组成部分的性质和能否独立施工，将单项工程划分为若干单位工程。例如，水电站引水单项工程可以划分为进水口、隧洞、调压井、压力管道等单位工程。

3. 分部工程

分部工程是单位工程的组成部分。按照水利水电工程的部位、工种等，将单位工程划分为若干个分部工程。例如，隧洞单位工程可以划分为隧洞开挖、隧洞混凝土衬砌、灌浆等分部工程。

4. 分项工程

分项工程是分部工程的组成部分。按照工种、材料、资源消耗定额、管理需要等，将分部工程划分为若干个分项工程。例如：墙体分部工程可以划分为内墙、外墙等分项工程，如果内墙或外墙的厚度、材料等不同，还需对内墙或外墙再进行细分；溢流坝混凝土分部工程可以划分为坝身混凝土、闸墩、胸墙、工作桥、护坦混凝土等分项工程。

（二）项目分解的其他分类

1. 以可行性研究为标准分类

可行性研究是水利水电工程项目生命周期前期工作的重要内容之一，其主要任务是对水利水电工程项目在技术、经济、财务、环境等方面的可行性进行研究。可行性研究的编制对象为水利水电工程项目。根据可行性研究的不同方面可以分成不同类别。

2. 以设计概算为标准分类

水利水电工程设计概算分为水利水电工程总概算、单项工程综合概算和单位工程设计概算。

3. 以质量控制为标准分类

水利水电工程质量控制包括对单项工程、单位工程、分部工程、分项工程和工序的控制。其中，工序是水利水电工程质量控制的最小单元。

4. 以质量评定为标准分类

在水利水电工程质量评定中，项目分为单位工程、分部工程、单元工程。

5. 以项目法人验收为标准分类

水利水电工程项目法人验收包括分部工程验收、单位工程验收、单项合同工程完工验收，以及中间机组启动前验收。

三、水利水电工程项目的分类

（一）根据项目性质的分类

1. 基本建设项目

①新建项目。新建项目包括两种情况：一是，"平地起家"的项目；二是，新增固定资产价值超过企业、事业单位原有固定资产三倍以上的扩建项目。

②扩建项目。原企事业单位为扩大生产规模或效益而新增建设的项目，如企业单位增建的主要生产车间（分厂）、独立的生产线，事业单位增建的各种业务用房等。

③改建项目。原企事业单位对原有设备或工程进行技术改造的项目。

④恢复项目。原企事业单位按原有的规模恢复由不可抗力破坏的固定资产而投资建设的项目。

⑤迁建项目。

2. 更新改造项目

更新改造项目是指具有批准的独立设计文件或独立发挥效益的计划方案，并列入更新改造计划的投资项目，也可理解为企事业单位按原有规模或生产能力投资建设的以代替原有陈旧或自然破损的设施或项目。

水利水电工程基本建设项目是固定资产扩大再生产的主要形式，属于外延扩大再生产。而更新改造项目首先是简单再生产，其次是扩大再生产，并且是内涵扩大再生产。

（二）根据投资功能的分类

1. 经营性项目

经营性项目是指以营利为主要目的的生产经营性水利水电工程项目。经营性项目通过市场机制，由企业筹资建设和生产经营，并承担水利水电工程项目的债务偿还和投资风险责任。

2. 基础性项目

基础性项目是指基础产业和基础设施类水利水电工程项目。基础性项目主要由政府投资兴建，同时，政府要创造条件吸引企业投资建设。

3. 公益性项目

公益性项目是指以社会效益为主的水利水电工程项目。公益性项目主要由政府投资兴建。

（三）根据经济属性的分类

根据水利水电建设工程的特征，在公共产品理论的指导下，水利水电工程分为公益性水利水电工程、准公益性水利水电工程和经营性水利水电工程。

1. 公益性水利水电工程

公益性水利水电工程是指社会共同利用其功能并免费享用其效益的水利水电工程。公益性水利水电工程具有明显的公益性和非营利性，它具有两个显著的特征：一是产权的非排他性；二是效益享受的非竞争性。堤防、河道整治等防洪工程，排涝泵站以及水土保持等工程主要发挥除害效益或减少损失的效益，产生的是国民经济效益和社会效益，本身可回收的财务效益没有或很小，体现的是社会公益性，这些水利水电工程具有明显的纯公共产品特征。

2. 准公益性水利水电工程

准公益性水利水电工程是指那些能为其产权所有者带来直接经济效益，又能同时为众多人提供无偿服务的水利水电工程，它既具有纯公益性水利水电工程的部分属性，又具有经营性水利水电工程的部分属性。准公益性水利水电工程具有两个重要特征：一是产权的可分性和竞争性；二是效益享受的排他性。目前，我国准公益性水利水电工程所占比例较大，而且，随着社会的不断进步和经济发展水平的不断提高，准公益性水利水电工程在整个水利水电工程中的比重将会不断增大。既承担防洪、排涝等公益性任务，又具有城镇（工业、生活）供水、水力发电等经营性功能的水利水电工程均属于准公益性水利水电工程。

3. 经营性

经营性水利水电工程是指那些由水利产权主体独自利用其功能及效益的水利水电工程。它具有两个重要特征。一是产权的排他性。由于这种水利水电工程是由投资主体自主决定和兴建的，投资主体对水利水电工程享有独立的产权，而这种产权的人格化主体就是该水利水电工程的投资主体或最终产权拥有者。二是效益享受的排他性。这种资产由拥有产权的主体单独利用其功能，享受其效益，其他人被排斥在外，或者通过对他人收费的方式将其他不交费的人排斥在外。

四、水利水电工程项目的特征

由于水利水电工程项目及其生产有其自身的特点及规律性，因此水利水电工程项目除了具有一般项目的共同特征外，还具有一些自身显著的特点。

（1）目标性

水利水电工程项目具有特定的目标，其最终目标表现为增加或达到一定生产能力，形成具有使用价值的固定资产。水利水电工程目标是一个体系，包括功能性目标与控制性目标，两者之间是统一的，其中功能性目标是基础，没有明确的功能性目标，行动就没有方向，也就不能称其为一项任务，亦不会有在功能性目标指导下进行的控制性目标的实施。功能性目标与各控制性目标的最终目的是一致的，都是为了成功完成水利水电工程，而各控制性目标之间也是统一的，它们以功能性目标为指导性目标，相互协调进行。

（2）固定性

工农业产品具有流动性，消费使用空间不受限制，而水利水电工程只能在选定的建设厂址使用，不能移动。水利水电工程项目具有体型庞大的特点，以大地为基础建造在固定地方，业主只能在建造的地点使用固定资产，水利水电工程项目的消费空间受到限制，具有明显的固定性。

（3）一次性和单件性

与一般工业与民用建筑项目相比，水利水电工程的一次性和单件性更为显著。水利水电工程项目不仅体型庞大，结构复杂，而且建造时间、地点、地形地质，以及水文条件、材料来源、采用的工艺和方法、使用要求和目标等各不相同，因此水利水电工程项目存在千差万别、无一完全相同的单件性。

水利水电工程项目还表现在生产过程的一次性上，难以进行复制。它既不同于工业产品的大批量重复生产过程，也不同于企业和政府周而复始的行政管理。

第二章　水文地质勘测及其技术选择

在水文地质勘测中，如何合理选用勘查技术手段是编制水文地质勘测设计时要重点考虑的一个方面。本章详细解析了水文地质勘测阶段划分的相关内容，并对水文地质勘测中常用的勘查技术手段进行了简要说明，从而能够为勘查技术手段的选择提供参考。

第一节　水文地质勘测阶段分析

一、水文地质勘测的划分原因分析

水文地质勘测一般都是分阶段进行的，其原因主要如下。

第一，水文地质勘测是为工程建设项目设计服务的，而项目的设计工作一般都是分阶段进行的，不同设计阶段所需水文地质资料的内容和精度也有不同的要求。为满足设计的需要，水文地质勘测工作亦应划分为相应的阶段来进行，以防止所提供的水文地质资料出现不符合各设计阶段需要的情况。[①]

第二，勘查工作之所以分为不同的阶段，是人们由浅入深认识事物规律在水文地质勘测工作中的反映。将其分为不同的勘查阶段，既可以防止人们对勘查区水文地质条件存在认识上的疏忽、遗漏或片面性，又可以使整个勘查工作逐渐深入地进行，从而避免在工作中犯重大的、全局性的错误。

二、水文地质勘测的各阶段分析

在进行水文地质勘测工作时，首先要明确的是水文地质勘测阶段的划分，即要搞清楚在从事哪一个阶段的水文地质勘测工作及该阶段的任务与要求。我

---

① 马超. 水文地质问题对工程地质勘察的影响要点论述 [J]. 装饰装修天地，2019（24）：384.

国不同种类、不同行业部门的水文地质勘测工作，其阶段的划分、名称及各阶段的任务与要求等一般是各不相同的，具体要根据各类水文地质勘测规范来确定，可将水文地质勘测分为普查、详查、勘探和开采四个阶段。

（一）普查阶段分析

水文地质普查是一项区域性的、小比例尺的水文地质勘测工作，是为经济建设规划提供水文地质资料而进行的区域性综合水文地质调查工作。通常在进行水文地质测绘工作时，其比例尺的选择应根据国民经济建设的要求和水文地质条件的复杂程度来确定，一般为1∶25万～1∶10万，通常选用1∶20万。其主要任务是查明区域地下水形成的初步规律，提供区域水文地质资料，并概括地对区域地下水量和开发远景做出评价。具体要求是初步查明区域内各类含水层的形成和赋存条件、地下水类型和分布规律、地下水的补给、径流和排泄、地下水的水质、水量等，为国民经济远景规划和水文地质勘测设计提供依据。

（二）详查阶段分析

水文地质详查是在水文地质普查的基础上，为国民经济建设部门提供所需的水文地质依据而进行的水文地质勘测工作或为某项生产任务而进行的专门性水文地质勘测工作，如为城镇或工矿企业供水、为农田灌溉供水、为矿山开采等进行的水文地质调查。水文地质详查阶段多采用1∶10万～1∶5万的大中比例尺。本阶段的任务是较确切地查明地质条件和地下水形成条件、赋存特征，初步评价地下水资源，进行水源地方案比较，初步圈定供水开采地段（或重点排水地段），预测水量、水质和水位变化，提出合理开发措施，为供（排）水初步设计或布置勘探工作提供依据。[①]

（三）勘探阶段分析

水文地质勘探是在详查圈定的地段上，对水文地质条件进行进一步勘查和研究，为提出合理的开采方案和为技术（施工）设计提供依据进行的水文地质勘测工作。采用的比例尺通常是1∶5万～1∶2.5万。该阶段的任务是精确地查明勘查区的水文地质条件，对含水层的水文地质参数、地下水动态的变化规律、各种供水的水质标准以及开采后井的数量和布局提出切实可靠的数据，对水质、水量做出精确的全面评价，并预测将来开采后可能出现的水文地质问题（如海水入侵、水质恶化等）和工程地质问题（如地面沉降、岩溶地区地面塌陷等）。

---

① 姚文生.工程地质勘测中水文地质的影响与应对[J].中国金属通报，2019（10）：172，174.

（四）开采阶段分析

水文地质开采是在勘探的基础上，针对开采过程中出现的水文地质和工程地质问题进行的水文地质勘测工作。由于它带有研究的性质和地下水系统的区域性，比例尺一般应大于 1∶2.5 万。其主要任务是查明水源地扩大开采的可能性，或研究水量减少、水质恶化和不良工程地质现象等发生的原因，验证地下水的允许开采量（可开采量），为合理开采和保护地下水资源，为水源地的改、扩建提供依据，在具备条件时，建立地下水资源管理模型及数据库。[1]

在开采阶段产生的水文地质问题和工程地质问题，有的是因为在开采前从未进行过水文地质勘测工作而必然要发生的；有的则是因为以前的勘查工作精度不够高，数据不可靠，不能准确作出预测而产生的。比如，在详查阶段，由于比例尺太小，不能满足基坑排水设计的要求，就要更准确地了解勘查区的水文地质条件，进行补充勘查和实验；又比如，在供水水文地质工作中，由于井距不合理导致水井间严重干扰、地下水降落漏斗不断扩大及由此引发的地面沉降、水量枯竭、水质恶化等，都属于开采阶段应该解决的水文地质问题。

三、水文地质勘测的适当简化分析

水文地质勘测一般分为上述四个阶段，但对某个具体的勘查项目应划分为几个勘查阶段，应根据当地水文地质条件的复杂程度、工程建设项目的规模和重要性及已有的水文地质研究程度等具体确定，适当条件下可以简化。

①在地下水资源勘查时，对于水文地质条件简单、已有资料较多或中小型地下水水源地，勘查阶段可适当合并，但合并后的勘查工作量、勘查方法和工作布置应满足高阶段的要求。

②在当已有 1∶20 万或 1∶10 万比例尺的区域水文地质调查成果或者供水工程项目规模较小时，可不进行普查阶段（或规划阶段、前期论证阶段）的工作或只进行补充性的勘查工作。

③如果供水工程项目无不同的水源地比较方案，则可将详查和勘探合并为一个勘查阶段。

④需水量较小的单个厂、矿、企事业单位的供水工程项目，当水文地质条件又不是十分复杂，只需开凿两三个钻孔即可满足需水量需要时，可采用探采相结合的方式，直接进入开采阶段的调查。

---

① 徐智彬，朱朝霞.水文地质勘查方法 [M].武汉：中国地质大学出版社，2013.

第二节　水文地质勘测技术手段

水文地质勘测技术手段是指在水文地质勘测工作中取得各种水文地质资料的方法和途径。目前在水文地质勘测中所使用的基本手段主要有水文地质测绘、水文地质物探、水文地质坑探、水文地质钻探、水文地质野外试验、地下水动态观测等。[①]

另外，核磁共振技术、水文地质参数的直接测定方法等新技术方法已被应用于水文地质勘测中，大大提高了水文地质勘测的精度和工作效率。

任何一项水文地质勘测工作都是通过不同勘查手段的有机配合而获得相应的水文地质资料，而且这些手段的精度直接决定了勘查成果的质量。下面对水文地质勘测中常用的勘查技术手段进行简要说明。

一、水文地质测绘

水文地质测绘也称水文地质填图，是以地面调查为主，对地下水和与其相关的各种现象进行现场观察、描述、测量、编录和制图的一项综合性水文地质工作。水文地质测绘是水文地质勘测工作的基础与先行工作，是认识和掌握测区地层、地质构造、地貌、水文地质条件等的重要调查研究方法。就水文地质勘测工作程序而言，一般应做到先测绘后钻探。在特殊情况下，测绘和钻探也可以同时进行，但测绘工作仍应尽量先行一步，以便为及时调整勘测设计提供依据。

水文地质测绘的工作过程是通过现场观察、记录及填绘各种界线与现象，以及室内的进一步分析整理，最终编制出从宏观和三维空间上反映区内水文地质条件的图件，并编写出相应的水文地质测绘报告。

进行水文地质测绘时，要求有相同比例尺的地质图作为底图。如无地质图或已有地质图的精度不合要求时，则应在水文地质测绘中同时填出地质图，这种测绘又称为综合性地质—水文地质测绘。此种测绘所用的地形底图比例尺一般要求比最终成果图的比例尺大一倍。

二、水文地质物探

地球物理勘探（简称物探）是研究地球物理场或某些物理现象，并使用仪器测量地下物质的各种基本物理参数，获得地球物理异常，并通过解释，赋予

---

① 马瑞娟，李志成.水文地质勘测技术在工程建设中的应用 [J].中国科技纵横，2018（5）：151-152.

合理的地质意义，间接地对地下地质体进行探测及预测的一种方法。

地球物理勘探既可以在地面或地面以上的空间中进行，即地面物探，也可以在钻孔中进行，即地下物探（测井）。依据物质不同的物理属性，人们设计了不同的地球物理勘探方法以获取地下物质的物理参数，地面物探的方法主要有电法勘探、磁法勘探、重力勘探、地震勘探，每种方法又有许多不同的分支；测井方法主要有自然电位测井、电阻率测井、声波测井、自然伽马测井等。

水文地质物探是获取深部水文地质资料的一种辅助勘查技术手段。物探方法可用于探测地表松散介质的厚度、地下水位的埋深、断层的位置、基岩的深度等，在一些情况下还可以估计沉积的砾石和黏土层的位置、厚度及在地下的分布情况。将它与水文地质测绘、钻探资料等一起进行综合解释，往往能得到较满意的效果。这里简单介绍几种水文地质勘测中常见的地面物探及测井方法。

三、水文地质坑探

坑探工程是指当勘查区局部或全部被不厚的表土掩盖时，利用人工或机械掘进的方式来探明地表浅部的地质条件的勘查技术手段。坑探工程的特点是使用工具简单、施工技术要求不高、揭露的面积较大、可直接观察地质现象，但其勘查深度受到一定的限制。它常常配合水文地质测绘，用于揭露局部被不厚的表土层掩盖的地质现象。

坑探工程包括剥土、浅坑、探槽、探井、竖井、平硐等，可将其分为轻型和重型两种：轻型坑探工程包括剥土、浅坑、探槽、探井，常用于配合水文地质测绘，揭露被不厚的浮土掩盖的地质现象；重型坑探工程包括竖井、平硐等，主要用于在地形条件复杂、钻探施工困难的山区或其他勘查手段效果不好的地区获得地质资料，但由于其成本较高、周期长，一般不采用此法。

常用的坑探工程有探槽、探井（浅井）、竖井、平硐等。

四、水文地质钻探

水文地质钻探是指利用机械回转或冲击钻进方式，向地下钻进钻孔以取得岩芯（粉）进行观测研究，从而得到水文地质资料的勘查技术手段。水文地质钻探是水文地质勘测非常重要的勘查技术手段之一，是水文地质勘测工作中取得地下水文地质资料的主要技术方法，是直接探明地下水的一种最可靠的手段，也是开发利用深层地下水的唯一技术手段，同时也是进行各种水文地质试验的必备工程，是对水文地质测绘、水文地质物探所做地质结论的检验途径。由于钻探深度大、工作效率高，所以它既是获得深部水文地质资料和采取岩样以进一步查明水文地质条件的基本途径，也是一项投资大、占用劳力多、技术性复杂的工作。随着水文地质勘测阶段的深入，水文地质钻探在整个勘查工作中占有越来越重要的地位。

五、水文地质试验

水文地质试验是水文地质勘测中不可缺少的重要手段，是获取水文地质参数的基本方法。水文地质试验分野外水文地质试验和室内水文地质试验两种。其中，主要的野外水文地质试验包括抽水试验、渗水试验、注水试验、联通试验等。

六、地下水动态监测

地下水的长期观测工作，也是水文地质勘测必不可少的手段之一。它对于了解地下水的形成和变化规律，获取水文地质参数，对地下水资源进行准确评价和预测，以及为地下水资源的合理开发利用和科学管理提供依据均有十分重要的意义。地下水监测常常需要长时间、有组织地搜集地下水的各类信息，形成地下水的监测系统。

地下水动态是指地下水的水位、水温、水量及水化学成分等要素随时间和空间有规律地变化。它是自然因素（如气候、水文、地质、土壤、生物等）和人为因素对地下水综合作用的过程。地下水动态监测是对一个地区或水源地的地下水动态要素（水位、水量、水质和水温等）、物理化学性质进行定时测量、记录和存储整理的过程。地下水资源较地表水资源复杂，因此地下水本身质和量的变化以及引起地下水变化的环境条件和地下水的运移规律不能直接观察，同时，地下水的污染以及地下水超采引起的地面沉降是缓变型的，一旦积累到一定程度，就成为不可逆的破坏。因此准确开发、保护地下水就必须依靠长期的地下水动态监测，及时掌握其动态变化情况。

第三节　水文地质勘测技术的选择

在水文地质勘测中，如何合理选用勘查技术手段是编制水文地质勘测设计时要重点考虑的一个方面。选择合适的勘查技术手段，可降低成本、减少损失、提高效率和缩短勘查工期。选择勘查技术手段的原则："先地面后地下、先物探后钻探"，取长补短，综合运用。实际工作中，要综合考虑影响勘查技术手段的不同因素，正确选择和确定使用的勘查技术手段。[①]一般来说，影响勘查技术手段选择的主要因素包括勘查阶段、地质—水文地质条件、自然地理条件、施工条件等。

水文地质勘测的阶段不同，采用的勘查手段也不相同。在水文地质普查阶段，为地区总的经济建设规划提供水文地质资料而进行的区域水文地质调查，其勘查手段以水文地质测绘为主，配合少量的物探、坑探、钻探和试验工作；在水文地质详查阶段，其勘察手段主要以大中比例尺的水文地质测绘为主，配合少量的水文地质钻探、试验和一定时期的地下水长期监测工作；在水文地质勘探阶段，其勘察手段主要以钻探及试验为主，并要求进行一年以上的地下水动态监测以及全面的室内实验、分析和研究；在开采阶段，其勘查手段是进行水源地开采动态的研究，必要时辅以补充勘探、专门试验等工作。

勘查区的地质—水文地质条件决定了勘查技术手段的种类和具体工程点的密度、间距。若地质—水文地质条件相对简单，则选择水文地质测绘、地面物探、轻型坑探、少量的钻探并辅以必要的水文地质试验和监测工作，且各勘查工程的线（网）距、点距可适当放稀，就可达到勘查工作的要求；反之，若地质—水文地质条件相对复杂，则选择在大中比例尺的水文地质测绘、地面物探的基础上，选择钻探并配合专门物探、井下物探和大量的水文地质试验、长期监测等工作，各勘查工程的线（网）距、点距应适当加密，才能达到勘查工作的要求。

自然地理条件一般包括工作区的地形地貌、气候、水系发育程度、基岩的出露情况、第四系覆盖层（表土）的厚度等。实际工作中，对具有代表性的自然地理条件可进行分区，具体可划分为平原地区、丘陵地区、岩溶地区、黄土地区、滨海地区、冻土地区等，或根据工作区是否有表土覆盖，分为松散层区、基岩区等。不同的自然地理条件直接影响勘查手段的选择，例如，表土掩盖程度高不宜用水文地质测绘，表土厚、多水则不宜用坑探，等等。

施工条件主要是指勘查区的交通、水源、电力等条件。这些条件也会影响勘查技术手段的选择，如交通、电力、水源不便则不太适宜选择钻探手段。

另外，勘查单位技术力量和水平、设备配置数量及先进性等，也在一定程度上影响手段的选择，如"3S"技术、空气钻进技术、无固相冲洗液钻进技术、绳索取芯等新技术、新方法的推广应用等。

---

①　杨庆凡. 工程地质勘测中水文地质问题的思考 [J]. 大科技，2017（23）：181-182.

第三章 水利水电工程施工组织设计与准备

本章论述了水利水电工程施工组织设计的作用、原则、分类和内容，应从四个方面（调查研究与收集、技术资料的准备、施工现场的准备、物资及劳动力的准备），做好水利水电建设项目的施工准备工作。

第一节 施工组织设计的作用与原则

一、施工组织设计概述

水利水电工程建设是国家基本建设的一个组成部分，组织工程施工是实现水利水电建设的重要环节。工程项目的施工是一项多工种、多专业的复杂的系统工程，要使施工全过程顺利进行，以期达到预定的目标，就必须用科学的方法进行施工管理。

施工组织设计是研究施工条件、选择施工方案、对工程施工全过程实施组织和管理的指导性文件，是编制工程投资估算、设计概算和招标投标文件的主要依据。施工组织设计主要是指设计前期阶段的施工组织设计，可进一步分为河流规划阶段的施工组织设计、可行性研究阶段施工组织设计、初步设计阶段施工组织设计。

施工组织设计所采用的设计方案，必然联系到施工方法和施工组织，不同的施工组织，所涉及的施工方案是不一样的，所需投资也不一样。所以说施工组织设计是方案比选的基础，是控制投资的一种必须手段，它是整个项目的全面规划，涉及范围是整个项目，内容比较概括。

二、施工组织设计的作用

水利水电工程由于队伍建设规模大，涉及专业多、范围广，除工程力学、工程地质、建筑结构、建筑材料、工程测量、机械设备、施工技术等学科专业知识外，还涉及工程勘测、设计、消防、环境保护等部门的协调配合；同时不同的工程，由于所处地区不同、季节不同、施工现场条件不同，其施工准备工作、施工工艺和施工方法也不同。

通过编制施工组织设计，可以全面考虑拟建工程的各种施工条件，拟定合理的施工方案，确定施工顺序、施工方法、劳动组织和技术经济组织措施，合理地统筹安排人力、材料、机械投入计划及工程进度计划，保证建设工程按质、按期交付使用。它为拟建工程设计方案在经济合理性、技术先进性和实施可行性三方面的论证提供依据；为建设单位编制基本建设计划，拟定初步设计概算提供依据；并为施工企业提供依据，使其提前掌握机械设备的使用先后顺序，全面合理安排材料的供应与消耗。

施工组织设计是水利水电工程设计文件的重要组成部分，是优化工程设计、编制工程总概算、编制投标文件、编制施工成本及国家控制工程投资的重要依据，是组织工程建设和优选施工队伍、进行施工管理的指导性文件。施工组织设计根据国家的方针政策、上级部门的指示，从研究整个工程设施的经济效益出发，分析工程特点和施工条件，从工程施工在时间顺序上的合理安排、施工现场在平面和空间上的布置，以及所需劳动力和资源供应等方面，阐明和论证技术上先进、经济上合理、能确保工期和质量的总的规划布置方案，为保证工程按合理工期组织施工创造前提条件。

在水工建筑物设计初期，施工组织设计能合理选择坝址、坝型，评价水工枢纽布置方案；在导流设计中，施工组织设计配合选择导流方案，对导、截流建筑物的布置，提出指导性的建议；在其他各单项工程施工组织设计中，从拟订方案，经过论证、调整、充实和完善，到得出各项综合技术经济指标的整个过程中，组织设计工作始终起着指导、配合、协调、综合平衡的作用。

三、施工组织设计的原则

①贯彻国家基建制度。我国关于基本建设的制度有项目审批制度、施工许可制度、从业资格管理制度、工程责任制度、竣工验收制度等。这些制度为建立和完善建筑市场的运行机制、加强建筑活动的实施与管理，提供了重要的法

律依据，必须认真贯彻执行。①

②坚持基本建设程序。实践证明，凡是坚持建设程序，基本建设就能顺利进行，就能充分发挥投资的经济利益；反之违背建设程序，就会造成施工混乱，影响质量、进度和成本，甚至对建设工作带来严重的危害。因此，坚持建设程序，是对工程建设顺利进行的有力保证。

③按期保质交付使用。对总工期较长的大型建设项目，应根据生产或使用的需要，安排分期分批建设、投产或交付使用，以及早日发挥建设投资的经济效益。在确定分期分批施工的项目时，必须注意使每期交工的项目可以独立地发挥效用，即主要项目和有关的辅助项目应同时完工，可以立即交付使用。

④合理安排施工程序。水利水电工程建筑产品的特点之一是产品的固定性，这使得水利水电工程建设施工各阶段的工作始终在同一场地上进行。前一阶段的工作如不完成，后一阶段就不能进行，即使它们之间交叉搭接地进行，也必须严格遵守一定的程序和顺序，有利于组织立体交叉、流水作业，有利于为后续工程创造良好的条件，有利于充分利用空间、争取时间。

⑤科学确定施工方案。先进的施工技术是提高劳动生产率、改善工程测量、加快施工进度、降低工程成本的主要途径。在选择施工方案时，要积极采用新材料、新设备、新工艺和新技术，努力为新结构的推行创造条件，要注意结合工程特点和现场条件，使技术的先进适用性和经济合理性相结合，还要符合施工验收规范、操作规程的要求和遵守有关防火、保安及环卫等规定，确保工程质量和施工安全。

⑥优化施工进度计划。在编制施工进度计划时，应从实际出发，采用流水施工方法组织均衡施工，以达到合理使用资源、充分利用空间、争取时间的目的。网络计划技术是当代计划管理的有效方法，采用网络计划技术编制施工进度计划，可使计划逻辑严密、层次清晰、关键问题明确，同时便于对计划方案进行优化、控制和调整，并有利于电子计算机在计划管理中的应用。

⑦充分发挥机械效能。机械化施工可加快工程进度，减轻劳动强度，提高劳动生产率。为此，在选择施工机械时，应充分发挥机械的效能，并使主导工程的大型机械如土方机械、吊装机械能连续作业，以减少机械台班费用，同时，还应使大型机械与中小型机械相结合、机械化与半机械化相结合，扩大机械化施工范围，实现施工综合机械化，以提高机械化施工程度。

⑧确保连续均衡施工。为确保全年连续施工，减少季节性施工的技术措施

① 徐春峰．水利水电工程施工进度控制的原则与措施 [J]．建材发展导向（上），2019，17（12）：103．

费用，在组织施工时，应充分地了解当地气象条件和水文地质条件。尽量避免把土方工程、地下工程、水下工程安排在雨期和洪水期施工，尽量避免把混凝土现浇结构安排在冬期施工，高空作业、结构吊装则应避免在风季施工。对那些必须在冬雨期施工的项目，则应采用相应的技术措施，既要确保全年连续施工、均衡施工，更要确保工程质量和施工安全。

⑨合理规划施工现场。在编制施工组织设计及现场组织施工时，应精心地进行施工总平面图的规划，合理地部署施工现场，节约施工用地；尽量利用永久工程、原有建筑物及已有设施，以减少各种临时施工；尽量利用当地资源，合理安排运输、装卸，发挥储存作用，减少物资运输量，避免二次搬运。

第二节　施工组织设计的分类与内容

一、施工组织设计的分类

施工组织设计是一个总的概念，不同环节由于工作深度和资料条件的限制，所研究的施工问题，其内容详略和侧重点虽不尽相同，但研究的范围大同小异。根据工程项目的编制阶段、编制对象或范围的不同，施工组织设计在编制的深度和广度上也有所不同。

（一）按工程项目设计的阶段分类

根据工程项目设计阶段和作用的不同，工程施工组织设计可以分为可行性研究阶段施工组织设计、初步设计阶段施工组织设计、招投标阶段施工组织设计、施工阶段施工组织设计四类。

1. 可行性研究阶段施工组织设计

该阶段要全面分析工程建设条件，初选施工导流方式、导流建筑物的形式与布置；初选主体工程的主要施工方法、施工总布置；基本选定施工场地内外交通运输方案及布置，估算施工占地、库区淹没面积、移民情况，提出控制工期和分期实施方案，估算主要建材和劳动力用量。

可行性研究阶段的施工组织设计，主要从施工条件的角度对工程建设的可行性进行论证。

2. 初步设计阶段施工组织设计

该阶段主要是选定施工导流方案，说明主要建筑物施工方法及设备，选定施工总布置、总进度及对外交通方案，提出主要建材的需要量及来源，编制设计概算。

该阶段主要论证施工技术上的可行性和经济的合理性。该阶段编制的工程概算可作为控制基建投资、基建计划、招标标底、造价评估和验核工程经济合理性的重要依据。

3. 招投标阶段施工组织设计

该阶段是参加投标的单位从各自的角度，在初步设计阶段施工组织设计基础上，通过市场调查和施工现场勘查，取得更为翔实的资料，分析施工条件，进一步优化施工方案、施工方法，提出质量、工期、施工布置等方面的要求，并据此对工程投资和造价做出合理的设计。

4. 施工阶段施工组织设计

施工阶段的施工组织设计，是指施工企业进行工序分析、确定关键工作及关键线路，优化施工工艺流程。该阶段的施工组织设计主要以单位（分部、分项）工程为对象，编制施工措施计划，从技术组织措施上落实施工组织设计要求，保障计划中各项活动的实施。

该阶段的施工组织设计也称为施工措施计划。

（二）按工程项目设计的对象分类

按照基本建设程序，一般在工程设计阶段要编制施工组织总设计，相对比较宏观、概括和粗略，对工程施工起指导作用，可操作性差；在工程项目招标或施工阶段要编制单位工程施工组织设计或分部（分项）工程施工组织设计，编制对象具体，内容也比较翔实，具有实施性，可以作为落实施工措施的依据。

按工程项目编制的对象分类，可以分为施工组织总设计、单位工程施工组织设计及分部（分项）施工组织设计。

1. 施工组织总设计

施工组织总设计是指以整个水利水电枢纽工程为编制对象，用以指导整个工程项目施工全过程的各项施工活动的综合性技术经济文件。它根据国家政策和上级主管部门的指示，分析研究枢纽工程建筑物的特点、施工特性及其施工条件，制定出符合工程实际的施工总体布置、施工总进度计划、施工组织和劳动力、材料、机械设备等技术供应计划，从而确定建设总工期、各单位工程项目开展的顺序及工期、主要工程的施工方案、各种物资的供需计划、全工地暂设工程及准备工作的总体布置、施工现场的布置等工作，用以指导施工。同时施工组织总设计也是施工单位编制年度施工计划和单位工程项目施工组织设计的依据。

2. 单位工程施工组织设计

单位工程施工组织设计是指以一个单位工程（一个建筑物或构筑物）为编制对象，用以指导其施工全过程的各项施工活动的指导性文件，它是施工单位年度施工计划和施工组织总设计的具体化，也是施工单位编制作业计划和制订季、月、旬施工计划的依据。

单位工程施工组织设计一般在施工图设计完成后，根据工程规模、技术复杂程度的不同，其编制内容深度和广度亦有所不同。对于简单单位工程，施工组织设计一般只编制施工方案并附以施工进度计划和施工平面图。该阶段施工组织设计在拟建工程开工之前，由工程项目的技术负责人编制。

3. 分部（分项）工程施工组织设计

分部（分项）工程施工组织设计也称为分部（分项）工程施工作业设计。它是指以分部（分项）工程为编制对象，用以具体实施其分部（分项）工程施工全过程的各项施工活动的技术、经济和组织的实施性文件。一般在单位工程施工组织设计确定施工方案后，由施工队（组）技术人员负责编制，其内容具体、详细、可操作性强，是直接指导分部（分项）工程施工的依据。

施工组织总设计、单位工程施工组织设计和分部（分项）工程施工组织设计，是同一工程项目不同广度、深度和作用的三个层次。

二、施工组织设计的内容

可行性研究阶段施工组织设计、初步设计阶段施工组织设计、施工招标阶段的施工组织设计、施工阶段的施工组织设计等四阶段施工组织设计中，由于初步设计阶段施工组织的内容要求最为全面、各专业之间的设计联系最为密切，因此下面着重说明初步设计阶段的编制步骤和主要内容。[①]

（一）施工组织设计的编制步骤

①根据枢纽布置方案，分析研究坝址施工条件，进行导流设计和施工总进度的安排，编制出控制性进度表。

②提出控制性进度之后，各专业根据该进度提供的指标进行设计，并为下一道工序提供相关资料。单项工程进度是施工总进度的组成部分，与施工总进

---

① 韩国君.水利水电项目施工要点及工程管理分析 [J].建材发展导向（上），2019，17（12）：371.

度之间是局部与整体的关系，其进度安排不能脱离总进度的指导，同时它又能检验编制施工总进度是否合理可行，从而为调整、完善施工总进度提供依据。

③施工总进度优化后，计算提出分年度的劳动力需要量、最高人数和总劳动力量，计算主要建材材料总量及分年度供应量、主要施工机械设备需要总量及分年度供应数量。

④进行施工方案设计和比选。施工方案是指选择施工方法、施工机械、工艺流程、施工工艺、划分施工段。在编制施工组织设计时，需要经过比选才能确定最终的施工方案。

⑤进行施工布置。对施工现场进行分区设置，确定生产、生活设施、交通线路的布置。

⑥提出技术供应计划。技术供应计划是指人员、材料、机械等施工资料的供应计划。

⑦对上述各阶段的成果编制说明书。

（二）施工组织设计的主要内容

总体说来，施工组织总设计主要包括施工总进度、施工总体布置、施工方案、技术供应四部分。

施工总进度主要研究合理的施工期限和在既定条件下确定主体工程施工分期及施工程序，在施工安排上使各施工环节协调一致。

施工总体布置根据选定的施工总进度，研究施工区的空间组织问题，它是施工总进度的重要保证。施工总进度决定施工总体布置的内容和规模，施工总体布置的规模，影响准备工程工期的长短和主体工程施工进度。因此施工总体布置在一定条件下又起到验证施工总进度合理性的作用。

在拟定施工总进度的前提下选定施工方案，将施工方案在总体上布置合理，施工方案的合理与否，将影响工程受益时间和工程总工期。

技术供应的总量及分年度供应量，由既定的总进度和总体布置所确定，而技术供应的现实性与可靠性是实现总进度、总体布置的物质保证，从而验证二者的合理性。

具体说来，施工组织文件的主要内容一般包括施工条件分析、施工导流、施工主体工程、施工总进度、施工交通运输、施工工厂设施、施工总布置、主要技术供应等内容。

1.施工条件分析

施工条件包括工程条件、自然条件、物质资源供应条件以及社会经济条件等，主要有：

①工程所在地点，对外交通运输，枢纽建筑物及其特征；

②地形、地质、水文、气象条件，主要建筑材料来源和供应条件；

③当地水源、电源情况，施工期间通航、过木、过鱼、供水、环保等要求；

④对工期、分期投产的要求；

⑤施工用地、居民安置以及与工程施工有关的协作条件等。

2. 施工导流设计

施工导流设计应在综合分析导流条件的基础上，确定导流标准，划分导流时段，明确施工分期，选择导流方案、导流方式和导流建筑物，进行导流建筑物的设计，提出导流建筑物的施工安排，拟定截流、度汛、拦洪、排冰、通航、过木、下闸封堵、供水、蓄水、发电等措施。

施工导流是水利水电枢纽总体设计的重要组成部分，设计中应依据工程设计标准充分掌握基本资料，全面分析各种因素，做好方案比较，从中选择符合临时工程标准的最优方案，使工程建设达到缩短工期、节省投资的目的。施工导流贯穿施工全过程，导流设计要妥善解决从初期导流到后期导流（包括围堰挡水、坝体临时挡水、封堵导流泄水建筑物和水库蓄水）施工全过程的挡、泄水问题。各期导流特点和相互关系宜进行系统分析，全面规划，统筹安排，运用风险度分析的方法，处理洪水与施工的矛盾，务求导流方案经济合理、安全可靠。

导流泄水建筑物的泄水能力要通过水力计算，以确定断面尺寸和围堰高度，相关的技术问题通常还要通过水工模型试验分析验证。导流建筑物能与永久建筑物结合的应尽可能结合。导流底孔布置与水工建筑物关系密切，有时为考虑导流需要，选择永久泄水建筑物的断面尺寸、布置高程时，需结合研究导流要求，以获得经济合理的方案。

大、中型水利水电枢纽工程一般均优先研究分期导流的可能性和合理性。因枢纽工程量大，工期较长，分期导流有利于提前受益，且对施工期通航影响较小。对于山区性河流，洪枯水位变幅大，可采取过水围堰配合其他泄水建筑物的导流方式。

围堰形式的选择，要安全可靠，结构简单，并能够充分利用当地材料。

截流是大中型水利水电工程施工中的重要环节。设计方案必须稳妥可靠，保证截流成功。选择截流方式应充分分析水力学参数、施工条件和施工难度、抛投物数量和性质，并进行技术经济比较。

3. 施工主体工程

主体工程包括挡水、泄水、引水、发电、通航等主要建筑物建设工程，应根据各自的施工条件，对施工程序、施工方法、施工强度、施工布置、施工进度和施工机械等问题，进行分析比较和选择。

研究主体工程施工是为正确选择水工枢纽布置和建筑物形式，保证工程质量与施工安全，论证施工总进度的合理性和可行性，并为编制工程概算提供资料。其主要内容有：

①确定主要单项工程施工方案及其施工程序、施工方法、施工布置和施工工艺；

②根据总进度要求，安排主要单项工程施工进度及相应的施工强度；

③计算所需的主要材料、劳动力数量，编制需用计划；

④确定所需的大型施工辅助企业规模、形式和布置；

⑤协同施工总布置和总进度，平衡整个工程的土石方、施工强度、材料、设备和劳动力。

4. 施工总进度

编制施工总进度时，应根据国民经济发展需要，采取积极有效的措施满足主管部门或业主对施工总工期提出的要求；应综合反映工程建设各阶段的主要施工项目及其进度安排，并充分体现总工期的目标要求。

①分析工程规模、导流程序、对外交通、资源供应、临建准备等各项控制因素，拟定整个工程施工总进度。

②确定项目的起讫日期和相互之间的衔接关系。

③对导流截流、拦洪度汛、封孔蓄水、供水发电等控制环节，工程应达到的进展，需做出专门的论证。

④对土石方、混凝土等主要工程的施工强度，对劳动力、主要建筑材料、主要机械设备的需用量综合平衡。

⑤分析工期和费用关系，提出合理工期的推荐意见。

施工总进度的表示形式可根据工程情况绘制横道图和网络图。横道图具有简单、直观等优点；网络图可从大量工程项目中标出控制总工期的关键路线，便于反馈、优化。

5. 施工交通运输

施工交通包括对外交通和场内交通两部分。

①对外交通是指联系施工工地与国家或地方公路、铁路车站、水运港口之

间的交通，担负着施工期间外来物资的运输任务。主要工作有：①计算外来物资、设备运输总量、分年度运输量与年平均昼夜运输强度；②选择对外交通方式及线路，提出选定方案的线路标准，重大部分施工措施，桥涵、码头、仓库、转运站等主要建筑物的规划与布置，水陆联运及与国家干线的连接方案，对外交通工程进度安排等。

②场内交通是指联系施工工地内部各工区、当地材料产地、堆渣场、各生产区、生活区之间的交通。场内交通应选定场内主要道路及各种设施布置、标准和规模，应与对外交通衔接。原则上来说，对外交通和场内交通干线、码头、转运站等由建设单位组织建设。至各作业场或工作面的支线，由辖区承包商自行建设。场内外施工道路、专用铁路及航运码头的建设，一般应按照合同提前组织施工，以保证后续工程尽早具备开工条件。

6. 施工工厂设施

为施工服务的施工工厂设施主要有砂石加工、混凝土生产、风水电供应系统、机械修配及加工等。其任务是制备施工所需的建筑材料、风水电供应，建立工地内外通信联系，维修和保养施工设备，加工制造少量的非标准件和金属结构，使工程施工能顺利进行。

施工工厂设施应根据施工的任务和要求，分别确定各自位置、规模、设备容量、生产工艺、工艺设备、平面布置、占地面积、建筑面积和土建安装工程量，提出土建安装进度和分期投产的计划。大型临建工程，要做出专门设计，确定其工程量和施工进度安排。

7. 施工总布置

施工总布置方案应遵循因地制宜、因时制宜、有利生产、方便生活、易于管理、安全可靠、经济合理的原则，经全面系统比较分析论证后选定。

施工总布置各分区方案选定后布置在 1：2000 地形图上，并提出各类房屋建筑面积、施工征地面积等指标。

其主要任务有：

①对施工场地进行分期、分区和分标规划；

②确定分期分区布置方案和各承包单位的场地范围；

③对土石方的开挖、堆料、弃料和填筑进行综合平衡，提出各类房屋分区布置一览表；

④估计用地和施工征地面积，提出用地计划；

⑤研究施工期间的环境保护和植被恢复的可能性。

8. 技术供应

根据施工总进度的安排和定额资料的分析，对主要建筑材料和主要施工机械设备，列出总需要量和分年需要量计划，必要时还需提出进行试验研究和补充勘测的建议，为进一步深入设计和研究提供依据。在完成上述设计内容时，还应绘制相应的附图。

（三）施工组织设计的主要成果

施工总组织设计在各设计阶段有不同的深度要求，其成果组织也有所不同，其中初步设计列入施工总组织设计文件中的主要成果有：

①施工准备工程进度表；

②施工用地征用范围图；

③主要建筑材料需要总量及分年度供应量；

④逐年劳动力需用量、最高人数及总工日数；

⑤主要施工机械设备汇总表及分年度供应量；

⑥永久建筑工程和辅助工程建筑安装工程量汇总表；

⑦施工总进度表；

⑧施工总体布置图；

⑨设计报告。

第三节 水利水电工程施工准备工作

一、施工准备概述

现代企业管理的理论认为，企业管理的重点是生产经营，而生产经营的核心是决策。工程项目施工准备工作是生产经营管理的重要组成部分，是对拟建工程目标、资源供应、施工方案的选择及对空间布置和时间排列等诸多方面进行的施工决策。[①]

基本建设是人们创造物质财富的重要途径，是我国国民经济的主要支柱之一。基本建设工程项目总的程序是按照计划、设计和施工三个阶段进行的。施工阶段又分为施工准备、土建施工、设备安装、交工验收等阶段。

由此可见，施工准备工作的基本任务是为拟建工程的施工建立必要的技术

---

① 姚深恩. 水利水电工程项目决策及施工前期工作研究 [J]. 低碳世界，2019，9（10）：119-120.

和物质条件，统筹安排施工力量和施工现场。施工准备工作也是企业搞好目标管理，推行技术经济承包的重要依据。同时施工准备工作还是土建施工和设备安装顺利进行的根本保证。

实践证明，凡是重视施工准备工作，积极为拟建工程创造一切施工条件，其工程的施工就会顺利地进行；凡是不重视施工准备工作，就会给工程的施工带来麻烦和损失，甚至给工程施工带来灾难，其后果不堪设想。凡事"预则立，不预则废"，充分说明了准备工作在事物整个运行过程中的重要性。水利水电工程施工因水利水电工程本身的原因，其施工准备工作在整个项目建设中显得尤为重要，施工准备工作的质量影响了整个项目建设的水平。

不仅在拟建工程开工之前要做好施工准备工作，而且随着工程施工的进展，在各施工阶段开工之前也要做好施工准备工作。施工准备工作既要有阶段性，又要有连贯性，因此施工准备工作必须有计划、有步骤、分期分阶段地进行，要贯穿拟建工程整个建造过程的始终。水利水电建设项目施工准备工作的主要内容包括调查研究与收集、技术资料的准备、施工现场的准备、物质及劳动力的准备。

二、施工资料的收集工作

工程施工设计的单位多、内容广、情况多变、问题复杂。编制施工组织设计的人员对建设地区的技术经济条件、厂址特征和社会情况等，往往不太熟悉，特别是建筑工程的施工在很大程度上要受当地技术经济条件的影响和约束。

因此，编制出一个符合实际情况、切实可行、质量较高的施工组织设计，就必须做好调查研究，了解实际情况，熟悉当地条件，收集原始资料和参考资料，掌握充分的信息，特别是定额信息及建设单位、设计单位、施工单位的有关信息。

（一）原始资料的调查

原始资料的调查工作应有计划、有目的地进行，事先要拟订明确详细的调查提纲。调查的范围、内容、要求等，应根据拟建工程的规模、性质、复杂程度、工期以及对当地熟悉了解程度而定。到新的地区施工时，调查了解、收集资料应全面、细致一些。

首先应向建设单位、勘察设计单位收集工程资料，如工程设计任务书，工程地质、水文勘察资料，地形测量图，初步设计或扩大初步设计以及工程规划资料，工程规模、性质、建筑面积、投资等资料。

其次是向当地气象台（站）调查有关气象资料，向当地有关部门、单位收集当地政府的有关规定及建设工程的提示，以及有关协议书，了解社会协议书，了解劳动力、运输能力和地方建筑材料的生产能力。

通过对以上原始材料的调查，做到心中有数，为编制施工组织设计提供充分的资料和依据。原始资料的调查包括技术经济资料的检查、建设场址的勘察和社会资料的调查。

1. 技术经济资料的调查

技术经济资料的调查主要包括建设地区的能源、交通、材料、半成品及成品货源等内容，该调查可以作为选择施工方法和确定费用的依据。

（1）建设地区的能源调查

能源一般是指水源、电源、气源等。能源资料可向当地城建、电力、电话（报）局建设单位等进行调查，可作为选择施工用临时供水、供电和供气方式，提供经济分析比较的依据。

（2）建设地区的交通调查

交通运输方式一般有铁路、公路、水路、航空等，交通资料可向当地铁路、交通运输和民航等管理局的业务部门进行调查，主要作为组织施工运输业务、选择运输方式、提供经济分析比较的依据。

（3）主要材料的调查

材料内容包括三大材料（钢材、木材和水泥）、特殊材料和主要设备。这些资料一般向当地工程造价管理站及有关材料、设备供应部门进行调查，可作为确定材料供应、储存和设备订货、租赁的依据。

（4）半成品及成品货源的调查

半成品及成品货源内容包括地方资源和建筑企业的情况。这些资料一般向当地计划、经济及建筑等管理部门进行调查，可作为确定材料、构配件、制品等货源的加工供应方式、运输计划和规划临时设施的依据。

2. 建设场地的勘察

建设场地的勘察主要是了解建设地点的地形、地貌、水文、气象以及场址周围环境和障碍物情况等，可作为确定施工方法和技术措施的依据。

（1）地形、地貌的调查

地形、地貌的调查内容包括工程的建设规划图、区域地形图、工程位置地形图，水准点、控制桩的位置，现场地形、地貌特征，勘察高程及高差，等等。对地形简单的施工现场，一般采用目测和步测；对场地地形复杂的施工现场，可用测量仪器进行观测，也可向规划部门、建设单位、勘察单位等进行调查。

这些资料可作为设计施工平面图的依据。

（2）工程地质及水文地质的调查

工程地质包括地层构造、土层的类别及厚度、土的性质、承载力及地震级别等。水文地质包括地下水的质量，含水层的厚度，地下水的流向、流量、流速、最高和最低水位，等等。这些内容的调查，主要是采取观察的方法，如直接观察附近的土坑、沟道的断层，附近建筑物的地基情况，地面排水方向和地下水的汇集情况；钻孔观察地层构造、土的性质及类别、地下水的最高和最低水位。这些内容还可向建设单位、设计单位、勘察单位等进行调查。工程地质及水文地质的调查可作为选择基础施工方法的依据。

（3）气象资料的检查

气象资料主要是指气温（包括全年、各月平均温度，最高与最低温度，5℃及0℃以下天数、日期）、雨情（包括雨期起止时间，年、月降水量和日最大降水量等）和风情（包括全年主导风向频率、大于八级风的天数及日期）等资料。这些资料可向当地气象部门进行调查，也可作为确定冬、雨期施工的依据。

（4）周围环境及障碍物的调查

周围环境及障碍物的调查内容包括施工区域有建筑物、构筑物、沟渠、水井、树木、土堆、电力架空线路、地下沟道、人防工程、上下水管道、埋地电缆、煤气及天然气管道、地下杂填坑、枯井等。这些资料要通过实地踏勘，并向建设单位、设计单位等调查取得，可作为布置现场施工平面的依据。

3.社会资料的调查

社会资料的调查内容主要包括建设地区的政治、经济、文化、科技、风土、民俗等。其中社会劳动力和生活设施、参加施工各单位情况的检查资料，可作为安排劳动力、布置临时设施和确定施工力量的依据。

社会劳动力和生活设施的检查资料可向当地劳动、商业、卫生、教育、邮电、交通等主管部门进行调查。

（二）参考资料的收集

在编制施工组织设计时，为弥补原始资料的不足，还要借助一些相关的参考资料作为依据。这些参考资料可利用现有的施工定额、施工手册、建筑施工常用数据手册、施工组织设计实例或平时施工的实践经验获得。

三、施工技术的准备工作

技术资料的准备就是通常所说的室内准备，也即内业准备。技术准备是施工准备工作的核心。由于任何技术的差错或隐患都可能引起人身安全和质量事故，造成生命、财产和经济的巨大损失，因此必须认真地做好技术准备工作。其内容一般包括熟悉、审查施工图纸和有关的设计资料、签订施工合同、编制施工组织设计、编制施工预算。

（一）熟悉、审查相关资料

1. **熟悉、审查施工图纸的依据**

①建设单位和设计单位提供的初步设计或扩大初步设计、施工图设计、土方竖向设计和区域规划等资料文件。

②调查搜集的原始资料。

③设计、施工验收规范和有关技术规定。

2. **熟悉、审查设计图纸的目的**

为了能够按照设计图纸的要求顺利地进行施工，生产出符合设计要求的最终建筑产品。为了能够在拟建工程开工之前，使从事建筑施工技术和经营管理的工程技术人员充分地了解和掌握设计图纸的设计意图、结构与构造特点和技术要求。

通过审查发现设计图纸中存在的问题和错误，使其改正在施工开始之前，为拟建工程施工提供一份准确、齐全的设计图纸。

3. **熟悉、审查设计图纸的内容**

施工图审查主要包括政策性审查和技术性审查两部分内容。政策性审查主要审查施工图设计文件是否符合国家及本市有关法律法规的规定，是否符合资质管理、执业注册等有关规定，是否按规定在施工图上加盖出图章和签字，等等。技术性审查主要审查施工图设计文件中工程建设范围和内容是否符合已经批准的初步设计文件，施工图的数量和深度是否符合有关规程规范和满足施工要求、是否满足工程建设标准强制性条文（水利工程部分）的规定，主要技术方案是否有重大变更、是否危害公众安全，等等。

4. **熟悉、审查设计图纸的程序**

熟悉、审查设计图纸的程序通常分为自审阶段、会审阶段和现场签证三个阶段。自审阶段，施工单位收到设计图纸后，组织工程技术人员熟悉图纸，写出自审图纸的记录，记录包括对设计图纸的疑问和对设计图纸的有关建议。会审阶段，一般由建设单位主持，由设计单位、施工单位和监理单位参加，共同进行设计图纸的会审。一般先由设计单位说明拟建工程的设计依据、意图和功能要求，并对特殊结构、新材料、新工艺和新技术提出设计要求，然后由使用单位根据自身记录以及对设计意图的了解，提出对设计图纸的疑问和建议，最后在统一认识的基础上对所探讨的问题逐一做好记录，形成"图纸会审纪要"，由建设单位正式行文，参加单位共同会签、盖章，作为施工和工程结算的依据。现场签证阶段，在拟建工程施工的过程中，如果发现施工条件与设计图纸的条件不符，或者发现施工图纸中仍然有错误，或者因为材料的规格、质量不能够满足设计要求，或者因为施工单位提出了合理化建议，需要对设计图纸及时修订时，应遵循技术核定和设计变更的签证制度，进行图纸的施工现场签证。如果对拟建工程的规模、投资影响较大时，需报请项目的原批准单位批准。同时要形成完成的记录，作为指导施工、工程结算和竣工验收的依据。

（二）中标后签订施工合同

水利水电工程项目建设属于基本建设项目内容之一，其工程任务的发包多采用招投标方式发放。参与相关的招投标活动，中标后签订施工合同。依据合同法有关规定，招标文件属于要约邀请，投标文件属于要约，中标通知书属于承诺。这些文件都是合同文件的组成部分。

在签订施工合同时，合同文本一般采用合同示范文本，同时合同内容不能与前述文件冲突，也就是实质性内容不能与招标文件、投标文件、中标通知书的内容发生冲突。

（三）中标后施工组织设计

中标后的施工组织设计是施工准备工作的重要组成部分，也是指导施工现场全部生产活动的技术经济文件。施工生产活动的全过程是非常复杂的物质财富创造的过程，为了正确处理人与物、主体与辅助、工艺与设备、专业与协作、供应与消耗、生产与储存、使用与维修以及他们在空间布置、时间排列之间的关系，必须根据拟建工程的规模、结构特点和建设单位要求，在原始资料检查分析的基础上，编制出一份切实指导该工程全部施工活动的科学方案。

（四）中标后编制施工预算

施工预算是根据中标后的合同价、施工图纸、施工组织设计或施工方案、施工定额等文件编制的，它直接受中标后合同价的控制。它是施工企业内部控制各项成本支出、考核用工、"两价"对比、签发施工任务单、限额领料、基层进行经济核算的依据。

四、施工生产准备工作

（一）施工现场的准备

施工现场是施工的全体参加者为夺取优质、高速、低耗的目标，而有节奏、均衡连续地进行战术决战的活动空间。施工现场的准备工作主要是为了给拟建工程的施工创造有利的施工条件和物资保证。施工现场的准备工作包括拆迁安置、"三通一平"、测量放线、搭设临时设施等内容。[1]

1. 拆迁安置

水利工程建设的拆迁安置工作一般由政府部门或建设单位完成，也可委托给施工单位完成。拆除时，要弄清情况，尤其是原有障碍物复杂、资料不全时，应采取相应的措施，防止发生事故。架空电线、埋地电缆、自来水管、污水管、煤气管道等的拆除，都应与有关部门取得联系并办好手续后，才可进行，一般由专业公司来拆除。场内的树木需报请园林部门批准后方可砍伐。房屋要在水源、电源、气源等截断后即可进行拆除。坚实、牢固的房屋等，采用定向爆破方法拆除，应经有关主管部门批准，由专业施工队拆除。安置工作是该项工作中的重点工作，也是最为容易起争端的环节，应给与足够的重视。

2. "三通一平"

在工程施工范围内，平整场地和接通施工用水、用电管线及道路的工作，称为"三通一平"。这项工作，应根据施工组织设计中的"三通一平"规划来进行。

3. 测量放线

这一工作是确定拟建工程平面位置的关键，施测中必须保证精度、杜绝错误。在测量放线前，应做好检验校正仪器、校核红线桩（规划部门给定的红线，在法律上起着控制建筑用地的作用）与水准点，制订测量放线方案（如平面控制、标高控制、沉降观测和竣工测量等）等工作。如果发现红线桩和水准点有问题，应提请建设单位处理。建筑物应通过设计图中的平面控制轴线来确定其轮廓位置，测定后提交有关部门和建设单位验线，以保证定位的准确性。

4. 临时设施

现场所需临时设施，应报请规划、市政、交通、环保等有关部门审查批准。为了施工方便、行人的安全，应用围墙将施工用地围护起来。围护的形式和材料应符合市容管理的有关规定和要求，并在主要人口处设置标牌，标明工地名

---

[1] 高伟，普正宏. 水利水电工程基础处理施工技术探析 [J]. 价值工程，2019，38（19）：109-111.

称、施工单位、工地负责人等。所有宿舍、办公用房、仓库、作业棚等，均应按批准的图纸搭建，不得乱搭乱建，并尽可能利用永久性工程。

（二）施工队伍的准备

施工队伍的准备包括建立项目管理机构和专业或混合施工队、组织劳动力进场、进行计划和任务交底等。

1. 配备项目管理人员

项目管理人员的配备，应视工程规模和难易程度而定。一般单位工程，可设一名项目经理、施工员（工长）及材料员等人员即可；大型的单位工程或建筑群，需配备一套项目管理班子，包括施工、技术、材料、计划等管理班子。

2. 确定基本施工队伍

根据工程特点，选择恰当的劳动组织形式。土建施工队伍采用混合队伍形式，其特点是人员配备少，工人以本工种为主兼做其他工作，工序之间搭接比较紧凑，劳动效率高。例如，砖混结构的主体阶段主要以瓦工为主，配有架子工、木工、钢筋工、混凝土及机械工；装修阶段则以抹灰工为主，配有木工、电工；等等。对于装配式结构，则以结构吊装为主，配备适当的电焊工、木工、钢筋工、混凝土工、瓦工等。对于全现浇结构，混凝土工是主要工种，由于采用工具式模板，操作简便，所以不一定配备木工，只要有一些熟练的操作即可。

3. 组织专业施工队伍

机电安装及消防、空调、通信系统等设备，一般由生产厂家进行安装和调试，有的施工项目需要机械化施工公司承担，如土石方、吊装工程等。这些都应在施工准备中以签订承包合同的形式予以明确，以便组织施工队伍。

4. 组织外包施工队伍

由于建筑市场的开放及用工制度的改变，施工单位仅靠本身的力量来完成各项施工任务已不能满足要求，要组织外包施工队伍共同承担。外包施工队伍大致有独立承担单位工程的施工，承担分部、分项工程的施工，参与施工单位的班组施工等三种形式。

5. 讲解施工组织设计

该项工作的目的是把拟建工程的设计内容、施工计划和施工技术等要求，详尽地向施工队组和工人讲解交代。这是落实计划和技术责任制的最好办法。完成交底工作后，要组织其成员进行认真的分析研究，弄清关键部位、质量标准、安全措施和操作要领。必要时应该进行示范，并明确任务及时做好分工协作，同时建立健全岗位责任制和保证措施。

6. 建立健全管理制度

工地的各项管理制度是否建立、健全，直接影响其各项施工活动的顺利进行。有章不循其后果是严重的，而无章可循更是危险的。为此必须建立、健全工地的各项管理制度，一般包括：工程质量检验与验收制度；工程技术档案管理制度；建筑材料检查验收制度；技术责任制度；施工图纸学习与会审制度；技术交底制度；职工考勤、考核制度；工地及班组经济核算制度；材料出入库制度；安全操作制度；机具使用保养制度；员工宿舍管理制度；食堂卫生安全管理制度；等等。

（三）施工物资的准备

材料、构件、机具等物资是保证施工任务完成的物质基础。根据工程需要确定用量计划，及时组织货源，办理订购手续，安排运输和储备，满足连续施工的需要。对特殊的材料、构件、机具，更应提早准备。材料和构件除了按需用量计划分期、分批组织进场外，还要根据施工平面图规定的位置堆放。按计划组织施工机具进场，做好井架搭设、塔吊布置及各种机具的位置安排，并根据需要搭设操作棚，接通动力和照明线路，做好机械的试运行工作。

1. 施工物资准备工作的内容

物资准备工作主要包括建筑材料的准备、构配件和制品的加工准备、建筑安装机具的准备和生产工艺设备的准备。物资准备应严格按照施工进度编制物资使用计划，并按照物资使用计划严格控制，确保工程顺利进展。物资的储存应按种类、规格、使用时间、材料储存时间、现场布置进行堆放。

2. 施工物资准备工作的程序

物资准备工作的程序是搞好物资准备的重要手段。

通常按如下程序进行：①根据施工预算、分部工程施工方法和施工进度的安排，拟定国拨材料、统配材料、地方材料、构配件及制品、施工机具和工艺设备等物资的需要量计划；②根据各种物资需要量计划，组织资源，确定加工、供应商地点和供应方式，签订物资供应合同；③根据各种物资的需要量计划和合同，拟定运输计划和运输方案；④按照施工总平面图的要求，组织物资按计划时间进场，在指定地点，按规定方式进行储存或堆放。

综上所述，各项施工准备工作不是分离的、孤立的，而是互为补充、相互配合的。为了提高施工准备工作的质量，加快施工准备工作的速度，必须加强建设单位、设计单位、施工单位和监理单位之间的协调工作，建立健全施工准备工作的责任制度和检查制度，使施工准备工作有领导、有组织、有计划和分期分批地进行，贯穿施工全过程的始终。

第四章 水利水电工程施工管理

施工项目管理是以工程项目为对象,以项目经理负责制为基础,以实现项目目标为目的,以构成工程项目要素的市场为条件,对项目按照其内在逻辑规律进行有效的计划、组织、协调和控制,对工程项目施工全过程进行管理和控制的系统管理方法体系。本章从水利水电工程施工进度控制、成本控制、质量控制、安全控制四个方面解读水利水电工程施工管理。

第一节 水利水电工程施工进度控制

一、工程项目进度管理概述

项目管理的对象是项目,由于项目是一次性的,故项目管理需要用系统工程的观念、理论和方法进行管理,具有全面性、科学性和程序性。项目管理的目标就是项目的目标,项目的目标界定了项目管理的主要内容是"三控制、三管理、一协调",即进度控制、质量控制、费用控制、合同管理、安全管理、信息管理和组织协调。

工程项目进度管理,是指在项目实施过程中,对各阶段的进展程度和项目最终完成的期限所进行的管理。其目的是保证项目能在满足其时间约束条件前提下实现其总体目标,是保证项目如期完成和合理安排资源供应、节约工程成本的重要措施之一。

(一)施工项目进度计划

在项目实施之前,必须先对工程项目各建设阶段的工作内容、工作程序、持续时间和衔接关系等制订出一个切实可行的、科学的进度计划,然后按计划逐步实施。[①]工程项目进度计划的作用有如下几点。

①为项目实施过程中的进度控制提供依据。

②为项目实施过程中的劳动力和各种资源的配置提供依据。

③为项目实施过程中有关各方在时间上的协调配合提供依据。

④为在规定期限内保质、高效地完成项目提供保障。

（二）施工项目进度控制

施工项目进度控制是指在既定的工期内，编制出最优的施工进度计划，在执行该计划的施工中，按时检查施工实际进度情况，并将其与计划进度相比较，若出现偏差，就分析产生的原因及对工期的影响程度，提出必要的调整措施，修改原计划，如此不断地循环，直至工程竣工验收。施工项目进度控制是保证施工项目按期完成、合理安排资源供应、节约工程成本的重要措施。[②]

工程项目进度控制的最终目的是确保项目进度计划目标的实现，实现施工合同约定的竣工日期，其总目标是建设工期。

二、影响工程项目进度的因素及处理措施

（一）影响工程项目进度的因素

由于水利水电工程项目的施工特点，尤其是大型和复杂的施工项目，工期较长，影响进度的因素较多，编制和控制计划时必须充分认识和考虑这些因素，才能克服其影响，使施工进度尽可能按计划进行。工程项目进度的主要影响因素有如下几点。

①有关单位的影响。

②施工条件的变化。

③技术失误。

④施工组织管理不利。

⑤意外事件的出现。

（二）影响工程项目进度的处理措施

工程进度的推迟一般分为工程延误和工程延期，其责任及处理方法不同。

①工程延误。由于承包商自身的原因造成的工期延长，称为工程延误。由于工程延误所造成的一切损失由承包商自己承担，包括承包商在监理工程师的

① 孔香香.施工规划设计在水利水电工程建设管理中的作用[J].价值工程,2019,38(17):43-46.

② 陈传波.水利水电工程施工管理问题与解决措施[J].城镇建设,2019(12):129.

同意下采取加快工程进度的措施所增加的费用。同时，由于工程延误造成工期延长，承包商还要向业主支付误期损失补偿费。这是因为工程延误所延长的时间不属于合同工期的一部分。

②工程延期。由于承包商以外的原因造成施工期的延长，称为工程延期。经过监理工程师批准的延期所延长的时间属于合同工期的一部分，即工程竣工的时间等于标书中规定的时间加上监理工程师批准的工程延期时间。可能导致工程延期的原因有工程量增加、未按时向承包商提供图样、恶劣的气候条件、业主的干扰和阻碍等。判断工程延期总的原则就是除承包商自身以外的任何原因造成的工程延长或中断，工程中出现的工程延长是否为工程延期对承包商和业主都很重要。[①]

因此，应按照有关的合同条件，正确地区分工程延误与工程延期，合理地确定工程延期的时间。

（三）工程项目进度控制的内容

进度控制是指管理人员为了保证实际工作进度与计划一致，有效地实现目标而采取的一切行动，建设项目管理系统及其外部环境是复杂多变的，管理系统在运行中会出现大量的管理主体不可控制的随机因素，即系统的实际运行轨迹是由预期量和干扰量共同作用而决定的。在项目实施过程中，得到的中间结果可能与预期进度目标不符甚至相差甚远，因此必须及时调整人力、时间及其他资源，改变施工方法，以期达到预期的进度目标。这个过程称为施工进度动态控制。

根据进度控制方式的不同，可以将进度控制过程分为预先进度控制、同步进度控制和反馈进度控制

1. 预先进度控制的内容

预先进度控制是指项目正式施工前所进行的进度控制，其行为主体是监理单位和施工单位的进度控制人员，其具体内容如下。

①编制施工阶段进度控制工作细则。施工阶段进度控制工作细则，是进度管理人员在施工阶段对项目实施进度控制的一个指导性文件。

②编制或审核施工总进度计划。

③审核单位工程施工进度计划。

④进行进度计划系统的综合。

---

① 李衍超.水利水电工程设计项目管理方法及应用 [J].装饰装修天地，2019（20）：371.

2. 同步进度控制的内容

同步进度控制是指项目施工过程中进行的进度控制，这是施工进度计划能否付诸实践的关键过程。进度控制人员一旦发现实际进度与目标偏离，必须及时采取措施以纠正这种偏差。项目施工过程中进度控制的执行主体是工程施工单位，进度控制主体是监理单位。

施工单位按照进度要求及时组织人员、设备、材料进场，并及时上报分析进度资料，确保进度的正常进行，监理单位同步进行进度控制。

对收集的进度数据进行整理和统计，并将计划进度与实际进度进行比较，从中发现是否出现进度偏差。分析进度偏差将会带来的影响并进行工程进度预测，从而提出可行的修改措施。组织定期和不定期的现场会议，要及时分析、通报工程施工进度状况，并协调各承包商之间的生产活动。

3. 反馈进度控制的内容

反馈进度控制是指完成整个施工任务后进行的进度控制工作，具体内容有如下几点。

①应及时组织验收工作。

②处理施工索赔。

③整理工程进度资料。

④根据实际施工进度，要及时修改和调整验收阶段进度计划及监理工作计划，以保证下一阶段工作的顺利开展。

（四）工程项目进度控制的方法

工程项目进度控制的方法主要有行政方法、经济方法和管理技术方法等。

1. 行政方法

用行政方法控制进度，是指通过发布进度指令进行指导、协调、考核，利用激励手段（奖、罚、表扬、批评等）监督、督促等方式进行进度控制。

2. 经济方法

进度控制的经济方法，是指有关部门和单位用经济手段对进度控制进行影响和制约。进度控制的经济方法主要有四种：①投资部门通过投资投放速度控制工程项目的实施进度；②在承包合同中写进有关工期和进度的条款；③建设单位通过招标的进度优惠条件鼓励施工单位加快进度；④建设单位通过工期提前奖励和工程延误罚款实施进度控制。

3. 管理技术方法

进度控制的管理技术方法主要有规划、控制和协调。所谓规划，就是确定项目的总进度目标和分进度目标；所谓控制，就是在项目进行的全过程中，进行计划进度与实际进度的比较，发现偏离，及时采取措施进行纠正；所谓协调，就是协调参加工程建设各单位之间的进度关系。

（五）工程项目进度的措施

进度控制的措施包括组织措施、技术措施（合同措施、经济措施和信息管理措施）等。

1. 组织措施

工程项目进度控制的组织措施主要有如下几点。

①落实进度控制部门人员、具体控制任务和管理职责分工。

②进行项目分解，如按项目结构分、按项目进展阶段分、按合同结构分，并建立编码体系。

③确定进度协调工作制度，包括协调会议举行的时间、协调会议的参加人员等。

④对影响进度目标实现的干扰和风险因素进行分析。风险分析要有依据，主要是根据多年统计资料的积累，对各种因素影响进度的概率及进度拖延的损失值进行预测，并应考虑有关项目审批部门对进度的影响等。

2. 技术措施

工程项目进度控制的技术措施是指采用先进的施工工艺、方法等以加快施工进度。

（1）合同措施

工程项目进度控制的合同措施主要有分段发包、提前施工以及合同的合同期与进度计划的协调等。

（2）经济措施

工程项目进度控制的经济措施是指保证资金供应的措施。

（3）信息管理措施

工程项目进度控制的信息管理措施主要是通过计划进度与实际进度的动态比较，收集有关进度的信息等。

（六）施工进度计划的实施

施工进度计划的实施即施工活动的开展，就是用施工进度计划指导施工活动，落实和完成计划。施工进度计划逐步实施的过程就是施工项目建造逐步完成的过程。为了保证施工进度计划的实施、保证各进度目标的实现，应做好以下各方面的工作。

1. 施工进度计划的审核

项目经理应进行施工项目进度计划的审核，其主要内容包括如下几点。

①进度安排是否符合施工合同确定的建设项目总目标和分目标的要求，是否符合其开工日期、竣工日期的规定。

②施工进度计划中的内容是否有遗漏，分期施工是否满足分批交工的需要和配套交工的要求。

③施工顺序安排是否符合施工程序的要求。

④资源供应计划是否能保证施工进度计划的实现，供应是否均衡，分包人供应的资源是否能满足进度的要求。

⑤施工图设计的进度是否满足施工进度计划要求。

⑥总分包之间的进度计划是否相协调，专业分工与计划的衔接是否明确、合理。

⑦对实施进度计划的风险是否分析清楚，是否有相应的对策。

⑧各项保证进度计划实现的措施设计是否周到、可行、有效。

2. 施工项目进度计划的贯彻

①检查各层次的计划，形成严密的计划保证系统。

②层层明确责任并充分利用施工任务书。

③进行计划的交底，促进计划的全面、彻底实施。

3. 施工项目进度计划的实施

①编制月（旬）作业计划。为了实施施工计划，将规定的任务结合现场施工条件，如施工场地的情况、劳动力、机械等资源条件和实际的施工进度，在施工开始前和过程中不断地编制本月（旬）作业计划，这是使施工计划更具体、更实际和更可行的重要环节。在月（旬）计划中要明确本月（旬）应完成的任务、所需要的各种资源量、提高劳动生产率的措施等。

②签发施工任务书。编制好月（旬）作业计划以后，将每项具体任务通过签发施工任务书的方式下达班组进一步落实、实施。施工任务书是向班组下达任务，实行责任承包、全面管理和原始记录的综合性文件。

③做好施工进度记录，填好施工进度统计表。在计划任务完成的过程中，各级施工进度计划的执行者都要跟踪做好施工记录。

④做好施工中的调度工作。施工中的调度是组织施工中各阶段、环节、专业和工种的配合、进度协调的指挥核心。

（七）施工进度计划的检查

在施工的实施过程中，为了进行进度控制，进度控制人员应经常地、定期地跟踪检查施工实际进度情况，主要是收集施工进度材料，进行统计整理和对比分析，确定实际进度与计划进度之间的关系，其主要工作包括如下几点。

1. 跟踪检查施工实际进度

为了对施工进度计划的完成情况进行统计、进度分析和为调整计划提供信息，应对施工进度计划依据其实施记录进行跟踪检查。

跟踪检查施工实际进度是项目施工进度控制的关键措施。一般检查的时间间隔与施工项目的类型、规模、施工条件和对进度执行要求程度有关。

根据不同需要，进行日常检查或定期检查的内容包括如下几点。

①检查期内实际完成和累计完成工程量。

②实际参加施工的人力、机械数量和生产效率。

③施工人数、施工机械台班数及其原因分析。

④进度偏差情况。

⑤进度管理情况。

⑥影响进度的特殊原因及分析。

⑦整理统计检查数据。

2. 对比实际进度与计划进度

将收集的资料整理和统计成具有与计划进度可比性的数据后，用施工项目实际进度与计划进度进行比较。通常用的比较方法有横道图比较法、S曲线比较法、香蕉形曲线比较法、前锋线比较法和列表比较法等。通过比较得出实际进度与计划进度相一致、超前、拖后三种情况。

3. 施工进度检查结果的处理

对于施工进度检查的结果，应按照检查报告制度的规定，形成进度控制报告向有关主管人员和部门汇报。

进度控制报告是根据报告对象的不同、编制范围和内容的不同而分别编制的。一般分为：①项目概要级进度控制报告，是报给项目经理、企业经理或业务部门以及建设单位（业主）的，它是以整个施工项目为对象说明进度计划执行情况的报告；②项目管理级的进度报告，是报给项目经理及企业业务部门的，它是以单位工程或项目分区为对象说明进度计划执行情况的报告；③业务管理级的进度报告，是就某个重点部位或重点问题为对象编写的报告，供项目管理者及各业务部门为其采取应急措施而使用的。

通过检查应向企业提供施工进度报告的内容主要包括：项目实施概况、管理概况、进度概要的总说明；项目施工进度、形象进度及简要说明；施工图纸提供进度；材料物资、构配件供应进度；劳务记录及预测；日历计划；对建设单位、监理和施工者的工程变更指令、价格调整、索赔及工程款收支情况；进度偏差的状况和导致偏差的原因分析；解决的措施；计划调整意见；等等。

（八）网络计划技术的应用

网络计划技术，也称网络计划，是进行生产组织与管理的一种方法。网络计划技术的基本原理：应用网络图形来表示一项计划中各项工作的开展顺序及其相互之间的关系；通过网络图进行时间参数的计算，找出计划中的关键工作和关键线路，通过不断改进网络计划，寻求最优方案，以最小的消耗取得最大的经济效果，这种方法广泛应用在工业、农业、国防和科研计划与管理中。在工程领域里，网络计划技术的应用尤为广泛，被称为"工程网络计划技术"。

网络计划技术的基本模型是网络图。网络图是"由箭线和节点组成的，用来表示工作流程的有限、有向、有序的网络图形"。网络计划是"用网络图表达任务构成、工作顺序，并加注工作时间参数的进度计划"。

由于网络计划具有各项目之间关系清楚、便于进度计划的优化调整和计算机的应用等优点，所以在水利水电工程编制的各种进度计划中，常采用网络计划技术。

第二节　水利水电工程施工成本控制

一、施工成本管理的措施

项目成本管理是在保证满足工程质量、工期等合同要求的前提下，对项目实施过程中所发生的费用，通过计划、组织、控制和协调等活动实现预定的成本目标，并尽可能地降低成本费用的一种科学的管理活动。[①]

要降低成本，必须加强管理和控制。首先要制定成本的计划目标，制定原材料购置和各项支出的目标价格，使成本耗费在一定的目标内；其次要依照市

---

① 欧智贤.水利水电工程项目施工的成本管理 [J].大科技，2019（27）：105-106.

场经济规律调整支出的计划成本，使成本处于有效控制中；最后应从组织、经济、技术、合同等多方面采取一系列可行的措施，精心组织施工，挖掘各方面潜力，加强成本控制，从而达到对施工过程中的各项费用实施直接有效的控制。成本管理的措施主要有组织措施、技术措施等。

（一）施工成本管理的组织措施

组织措施是从施工成本管理的组织方面采取的措施。它要求企业编制本阶段施工成本控制工作计划和详细的工作流程图，从施工成本管理的组织方面采取领导亲自抓、员工全参与，使成本管理深入基层、落实到人。

另外，组织措施还应编制施工成本控制工作计划，确定合理、详细的工作流程。具体包括以下内容：做好施工采购规划，通过生产要素的优化配置、合理使用、动态管理，有效控制实际成本；加强施工定额管理和施工任务单管理，控制活劳动和物化劳动的消耗；加强施工调度，避免因施工计划不周和盲目调度造成窝工损失、机械利用率降低、物料积压等而使施工成本增加。

（二）施工成本管理的技术措施

施工方案不同，不但会影响项目的工程和质量目标，也会显著地影响项目的成本。在项目成本管理中，要十分注重和发挥技术与方案对于降低成本的重要作用，因为：一方面技术的提高或新技术的采用，必然大幅度提高劳动效率和节省材料，从而节约成本；另一方面通过优化施工方案来提高工效，缩短工期，进而节省大笔的机械及周转料具的租赁费及项目的管理费，有利于降低项目成本。

施工过程中的降低成本的技术措施包括：进行技术经济分析，确定最佳的施工方案；在满足功能要求的前提下，结合施工方法，进行材料使用的比选，选择代用、改变配合比、使用添加剂等方法来达到降低材料的消耗费用的目的；结合项目的施工组织设计及自然地理条件，降低材料的库存成本和运输成本。

二、施工成本计划的编制

成本计划是成本管理的一项重要内容，是建筑企业经营的重要组成部分。施工成本计划是以货币形式预先编制施工项目在计划期内的生产费用与成本的总水平以及通过施工成本计划事先基本确定成本降低率以及为降低成本所采取的主要措施和规划的书面方案，在实施中按成本管理层次、有关成本项目以及项目进展逐阶段对成本计划加以分解，最后制订各级保证成本计划实施的措施方案。它是建立施工项目成本管理责任制、开展成本控制和核算的基础，是实现该项目降低施工成本任务的指导性文件，也是施工项目成本预测的继续。①

施工成本计划的编制以成本预测为基础，关键是确定目标成本，并要使得成本目标最终实现，但是施工成本计划的编制又不能照搬投标期间的预测成本，因为中标以后的客观环境和条件与投标期间相比已经发生了变化，项目目标成本也必须符合中标以后的实际情况，它应随着合同条件、施工组织方案、建筑市场等环境和条件的变化，经过分析、比较、判断之后随之做出相应的调整。因此，施工项目成本计划的编制不是一个绝对的固定方案，而是一个相对动态的过程。

（一）编制依据

成本计划的制订必须根据国家政策、市场信息和企业内部资料，预测市场变化，做出自身计划。广泛收集资料、归纳整理并做出相应调整是编制成本计划的必要步骤，收集的资料也是编制成本计划的依据。这些编制依据包括如下几点。

①国家和上级部门有关编制成本计划的规定。

②项目经理部与企业签订的承包合同、分包合同（或估价书）、结构件外加工计划和合同以及企业下达的成本降低额、降低率和其他有关技术经济指标。

③有关人工、材料、机械台班市场与公司内部价格等成本预测、决策的资料。

④施工项目的施工图预算、施工预算。

⑤施工组织设计或施工方案及拟采取的降低施工成本的措施。

⑥施工项目使用的机械设备生产能力及其利用情况。

⑦施工项目的材料消耗、物资供应、劳动工资、周转设备租赁价格及劳动效率、摊销损耗标准等计划资料。

⑧计划期内的物资消耗定额、劳动工时定额、费用定额等资料。

⑨以往同类项目成本计划的实际执行情况及有关技术经济指标完成情况的分析资料。

⑩同行业同类项目的成本、定额、技术经济指标资料及增产节约的经验和有效措施。

⑪本企业的历史先进水平和当时的先进经验及采取措施的历史资料。

⑫国外同类项目的先进成本水平情况等资料以及其他相关资料。

此外，还应深入分析当前情况和未来的发展趋势，了解影响成本升降的各

---

① 朱国成．浅析水利水电工程的项目管理及造价控制方法 [J]．珠江水运，2019（19）：107-108．

种有利和不利因素，研究如何克服不利因素和降低成本的具体措施，为编制成本计划提供丰富、具体和可靠的成本资料。

（二）编制原则

①兼容先进性和可操作性的原则。

②弹性原则。

③可比性原则。

④与其他计划相协调的原则。

（三）编制程序

编制成本计划的程序，因项目的规模大小、管理要求不同而不同，大中型项目一般采用分级编制的方式，即先由各部门提出部门成本计划，再由项目经理部汇总编制全项目工程的成本计划；小型项目一般采用集中编制方式，即由项目经理部先编制各部门成本计划，再汇总编制全项目的成本计划。无论采用哪种方式，其编制成本计划前的测算工作，都应经过认真收集和整理有关工程项目的成本资料，结合相关政策、建筑市场和企业能力等情况来分析这些资料，仔细地研究平衡试算，最终才能提出较为科学的成本降低目标。确定目标之后则进入成本计划草案的编制阶段，这一阶段应当在总会计师的具体领导下，由财务部门牵头，会同计划、预算、技术等有关部门进行，紧紧围绕企业经营方针和目标，收集和整理与成本相关的基础预测资料，依据计划年度的施工生产任务、物资供应、劳动工资、技术组织措施等计划和预算定额、劳动定额、工资水平以及本企业历史上各项消耗指标，并参考同行业先进成本水平和技术经济指标等。这一环节中最重要的是从技术措施上要结合施工组织设计的编制过程，通过不断地优化施工技术方案和合理配置生产要素，进行工料机消耗的分析，制订一系列的节约成本和挖潜措施，即选定技术上可行、经济上合理的最优降低成本方案。

编制工程成本计划草案后，还要结合企业诸如进度计划、质量计划等其他计划，同时结合企业为了实现对其他所有项目的资源综合利用的整体安排，达到企业各项计划综合平衡之后，才能编制正式的施工成本计划。成本计划指标经过试算平衡后，如果已经达到了降低成本计划指标的要求，可以将成本确定的指标进行分解，向企业内部各部门、各层次提出降低成本要求和各自所承担的具体指标及指标控制数值。这样通过成本计划把目标成本层层分解，落实到施工过程的每个环节，以调动全体职工的积极性，有效地落实成本计划、进行成本控制。

（四）编制方法

1. 按施工成本组成编制的方法

施工成本按成本组成分解可以有两种分解方式：一种是可以分为人工费、材料费、施工机械使用费、措施费和间接费；另一种是根据成本习性将成本分成固定成本和变动成本两类，进行编制计划成本。

其中，变动成本是与任务量有直接联系的成本。属于变动成本的有材料费、在计件工资形式下的人工费，其中奖金、效益工资和浮动工资部分，亦应计入变动成本。其他直接费用，如水、电、风、汽等费用以及现场发生的材料二次搬运费，多数与产量发生联系，也属于变动成本。固定成本是与任务量增减无直接关系的成本项目，如属于计时工资形式下的员工工资、办公费、差旅交通费、固定资产使用费、施工管理费和劳动保护费等基本上属于固定成本。机械使用费中有些费用随产量增减而变动，如燃料、动力费，属变动成本，有些费用不随产量变动，如机械折旧费、大修理费、机修工、操作工的工资等，属于固定成本。

此外，还有部分费用为介于固定成本和变动成本之间的半变动成本，如机械的场外运输费和机械组装拆卸、替换配件等平常修理费，则按一定比例划归为固定成本与变动成本。

在按照施工成本组成编制成本计划时，把成本分解为材料、人工、机械费、运费等主要支出项目后，要对各个项目再加以详细分解，并对计划中各种子项目计划支出做出估算说明，只有制定这样详细的指标，才能达到在实际施工中对成本加以控制与考核的目的，否则以没有具体目标的计划为指导，是不能真正起到控制作用的。

2. 按项目组成的编制方法

按照目前的项目组成分解结构来编制施工成本计划的方法，称为工作分解法。它的特点是主要以施工图中的工程实物量为基础，以本企业做出的项目施工组织设计及技术方案为依据。其具体步骤：首先把整个工程项目逐级分解为一个个单位工程，再把每个单位工程依次分解为一个个分部工程，最终分解为便于进行单位工料成本估算的分项或工序，套以实际价格和计划的物资、材料、人工、机械等消耗定额；其次计算工料消耗量，并进行工料汇总，然后统一以货币形式估算出工程项目的实际成本费用；最后按分项自下而上估算、汇总，从而得到整个工程项目的成本估算，成本目标估算汇总后还要考虑风险系数与物价指数，并据此对估算结果加以修正。

利用上述系统在进行成本计划时，工作划分得越细、越具体，价格和工程量的确定就越容易。除自上而下逐级展开工作分解外，还要对材料、人工、机械费、运费等主要支出项目加以横向分解，例如应把钢材、木材、水泥等主要材料费的计划用量分解到各个更细的阶段和环节，以便在实际施工中加以控制与考核，因为在此基础上分级分类编制的工程项目的成本计划才是具体实施时成本控制的直接依据。

3. 按工程进度的编制方法

编制按时间进度的施工成本计划，通常可利用控制项目进度的网络图进一步扩充而得，即在建立网络图时，一方面确定完成各项工作所需花费的时间，另一方面同时确定完成这一工作的合适的施工成本支出计划。在实践中，将工程项目分解为既能方便地表示时间，又能方便地表示施工成本支出计划的工作是不容易的，通常如果项目分解程度对时间控制合适，则对施工成本支出计划可能分解过细，以至于不可能对每项工作确定其施工成本支出计划，反之亦然。

因此，在编制网络计划时，应在充分考虑进度控制对项目划分要求的同时，考虑确定施工成本支出计划对项目划分的要求，做到两者兼顾。按工程进度编制施工成本计划的表现形式是通过对施工成本目标按时间进行分解，在网络计划基础上，可获得项目进度计划的横道图，并在此基础上编制成本计划。

一般工作中编制月度项目施工成本计划，是指项目某一月度根据施工进度计划所编制的项目施工成本收入、支出计划。它包括根据施工进度计划而做出的各种资源消耗量计划、各项现场管理费收入及支出计划。月度项目施工成本计划属于现场控制性计划，是项目经理部继续进行各项成本控制工作的依据。以上三种编制施工成本计划的方法并不是相互独立的，在实践中，往往是将这几种方法结合起来使用，从而达到扬长避短的效果。

三、施工成本控制与分析

对于施工企业来讲，成本、质量、工期是施工的三大目标，其中成本反映的是项目施工过程中各种耗费的总和，承包企业项目成本控制的重心应包括计划预控、过程控制和纠偏控制三个重要环节。施工企业的成本分为直接成本和间接成本两部分。间接成本是指为施工准备、施工组织和管理施工生产的全部费用的支出，是无法直接计入工程对象，但为进行工程施工所必然会产生的费用，包括管理人员的工资、办公费、差旅交通费等；直接成本是指在施工过程中，所耗费的构成工程实体或有助于工程实体形成的各项费用支出，是可以直接计入工程对象的费用，包括人工费、材料费、施工机械费和施工措施费等。其中，直接成本为施工企业的成本的主要部分，是施工企业成本的重点控制对象。企业能可持续生存与发展的首要竞争能力是具有更强的竞争力、更大的利润空间。施工企业只有对成本实施有效的控制，才能使企业具有更强的竞争力。

（一）施工成本控制的步骤

确定了项目施工成本计划之后，在实施的过程中不能只照搬计划指标，还要不断地、有序地进行统计与比较、分析与反馈工作，必须定期地进行施工成本计划值与实际值的比较，当实际值偏离计划值时，分析产生偏差的原因，采取适当的纠偏措施，以确保施工成本控制目标的实现。因此，施工成本控制分为比较、分析、预测、纠偏和检查五个步骤。

①比较。按照某种确定的方式将施工成本计划值与实际值逐项进行比较，以发现施工成本是否已超支。

②分析。在比较的基础上，对比较的结果进行分析，以确定偏差的严重性及偏差产生的原因。这一步是施工成本控制工作的核心，其主要目的在于找出产生偏差的原因，从而采取有针对性的措施，减少或避免相同原因偏差的再次发生或减少由此造成的损失。

③预测。根据项目实施情况估算整个项目完成时的施工成本，预测的目的在于为决策提供支持。

④纠偏。当工程项目的实际施工成本出现偏差时，应当根据工程的具体情况、偏差分析和预测的结果，采取适当的措施，以期达到使施工成本偏差尽可能小的目的。纠偏是施工成本控制中最具实质性的一步。只有通过纠偏，才能最终达到有效控制施工成本的目的。

⑤检查。对工程的进展进行跟踪和检查，及时了解工程进展状况以及纠偏措施的执行情况和效果，为今后的工作积累经验。

（二）施工成本控制的方法

项目施工成本的控制法是在成本发生和形成的过程中对成本进行的监督检查，成本的发生与形成是一个动态的过程，这就决定了成本的控制也是一个动态的过程，也可称为成本的过程控制。成本的过程控制主控对象与内容有如下几点。

1. 控制人工费用

人工费的控制实行"量价分离"的方法，将作业用工及零星用工按照定额工日的一定比例综合确定用工数量与单价，通过劳务合同进行控制。

2. 控制材料费用

施工材料费的控制是降低工程成本的重要环节。做好材料的管理，降低材料费用是提高劳动生产率、降低工程成本的最重要的途径。材料费的控制从材料的用量和材料价格两方面进行控制。材料用量的控制一般用定额控制、指标控制、计量控制和包干控制等方法；材料价格的控制主要由材料采购部门控制，由于材料价格由买价、运杂费、运输中的合理损耗等组成，因此主要是通过掌握市场信息，应用招标和询价等方式控制材料、设备的采购价格。

具体在施工中材料的控制应主要从以下几个方面实施控制。

（1）材料的采购供应控制

因为施工周期较长、需求数量较大、品种复杂，这个环节是实现工程进度计划的保证，所以必须事前做好材料市场调查和信息收集工作，掌握产地、货源、生产及流通等第一手资料。在保证质量的前提下，其他材料尽量用当地材料代替外运材料，就近采购，减少中转环节。采购时一般集中选择信誉良好、资金雄厚的供应商或厂家，供货的时间、质量、数量可以得到有力的保证。

（2）材料的计划、保管控制

材料采购是集中或分批采购，但消耗是连续不断进行的，所以做好计划与保管工作是一个持续而又重要的环节。根据施工进度计划，做好材料领用、回收、库存统计和供应的年度、季度、月材料计划工作，避免材料储备过多而占用资金、场地、仓库，有的储存时间过长甚至会变质，储备过少又不能保证生产连续进行；合理设置仓库、堆场和加工厂位置，节约场内外运费；为保证施工用料的不均衡和不间断，必须按材料品种、供应条件，制定一个合理的经济库存量；回收包装用品，做好废旧物资的回收利用；加强验收，防止缺吨、短方、少尺、少件现象。

（3）领料的限额控制

施工班组严格实行限额领料、控制用料，凡超额使用的材料，由班组自负费用，节约的材料可以由项目部与施工班组分成，使员工充分认识到节约与自身利益相联系，在日常工作中主动掌握节约材料的方法，降低材料废品率。

（4）严格规章制度控制

对施工班组进行技术以及奖罚制度培训，从而提高施工人员节约材料的意识。要求进行材料检查、抽检测试，监督材料合理使用、回收利用工作，严格控制材料规格和质量，避免大材小用、优材劣用。

（5）材料的包干使用控制

工程中辅助材料很多，如管理不善会造成材料的极大浪费，对于辅助材料的管理，建立材料包干经济责任制，推行仓库管理承包、材料资金包干等经济承包制度。

（6）技术措施控制

采用先进的施工工艺等可降低材料消耗，例如，改进材料配合比设计，合理使用化学添加剂；精心施工，控制构筑物和构件尺寸，减少材料消耗；改进装卸作业，节约装卸费用，减少材料损耗，提高运输效率；经常分析材料使用情况，核定和修订材料消耗定额，使施工定额保持平均先进水平。

3. 控制机械费用

机械一般通过租赁方式使用，因此必须合理配备施工机械，提高机械设备的利用率和完好率。施工机械的使用费的控制主要从台班数量和台班单价两方面控制。

4. 控制分包费用

有些作为总包的施工单位，由于其施工的资质有限和充分利用市场配置资源的需要，会将诸如桩基础、弱电、消防、栏杆、门窗等部分工程分包给具有相应专业施工资质的企业施工。由此带来分包费用的控制是施工项目成本控制的重要工作之一，项目经理部在确定施工方案的初期就要确定需要分包的工程范围。对分包费用的控制，主要是要做好分包工程的询价、订立平等互利的分包合同、建立稳定的分包关系网络、加强施工验收和分包结算等工作。

（三）施工成本的分析方法

由于施工项目成本涉及的范围很广，需要分析的内容也很多，应该在不同的情况下采取不同的分析方法。本文把它分为成本分析的基本方法与综合分析方法。

1. 基本方法

（1）比较法

比较法又称"指标对比分析法"，是成本分析的主要方法，是通过技术、经济指标数量的对比，检查计划的完成情况，分析产生差异的原因和影响程度，进而采取有效措施进行成本控制，并挖掘内部潜力的方法。该方法具有通俗易懂、简单易行、便于掌握的特点，因而得到了广泛的应用，但在应用时必须注意各技术经济指标的可比性，而且在比较中，既要看降低成本额，又要看降低成本率。

比较法的应用，通常有下列形式。①将实际指标与计划指标对比。通过这种对比，可以检查计划的完成情况，分析完成计划的积极因素和影响计划完成的原因，以便及时采取措施，保证成本目标的实现。②将本期实际指标与上期实际指标对比。通过这种对比，可以看出各项技术经济指标的动态情况，反映施工项目管理水平的提高程度。在一般情况下，一个技术经济指标只能代表施工项目管理的一个侧面，只有成本指标才是施工项目管理水平的综合反映，因此成本指标的对比分析尤为重要，一定要真实可靠，而且要有深度。③将本企业与本行业平均水平、先进水平对比。通过这种对比，可以反映本项目的技术管理和经济管理与其他项目的平均水平和先进水平的差距，进而采取措施赶超标杆企业，力争达到先进水平。

（2）因素分析法

因素分析法又称连环置换法，这种方法可用来分析各种因素对成本的影响程度。在进行分析时，首先要假定构成成本的众多因素中的一个因素发生了变化，而其他因素则不变，然后逐个替换，分别比较其计算结果，以确定各个因素的变化对成本的影响程度。

（3）差额计算法

这是因素分析法的一种简化形式，它利用各个因素的目标值与实际值的差额来计算其对成本的影响程度。

（4）比率法

比率法是指用两个以上的指标的比例进行分析的方法。它的基本特点是，先把对比分析的数值变成相对数，再观察其相互之间的关系。

2. 综合分析方法

所谓综合成本，是指涉及多种生产要素，并受多种因素影响的成本费用，如分部分项工程成本、月（季）度成本、年度成本等。

（1）分部分项工程成本分析

由于施工项目包括很多分部分项工程，通过主要分部分项工程成本的系统分析，可以基本上了解项目成本形成的全过程，所以分部分项工程成本分析是施工项目成本分析的基础。分部分项工程成本分析的对象为已完成的分部分项工程。分部分项工程成本分析的方法：进行预算成本、目标成本和实际成本的"三算"对比，分别计算实际偏差和目标偏差，分析偏差产生的原因，为今后的分部分项工程成本寻求节约途径。

（2）月（季）度成本分析

月（季）度成本分析是施工项目定期的、经常性的中间成本分析，月（季）度成本分析的依据是当月（季）的成本报表。企业可采用每月（季）一次的成本分析制度，分析成本费用控制的薄弱环节，提出改进措施，让主管和员工时刻关心计划控制实施状况。

（3）年度成本分析

依据年度成本报表，其分析内容除月（季）度成本分析的六个方面外，重点是针对下一年度的施工进展情况的规划，采取切实可行的成本管理措施，以保证施工项目成本目标的实现。企业成本要求一年结算一次，不得将本年成本转入下一年度。而项目成本则以项目的寿命周期为结算期，要求从开工到竣工到保修期结束连续计算，最后结算出成本总量及其盈亏。

（4）竣工成本的综合分析

一般有几个单位工程而且是单独进行成本核算（即成本核算对象）的施工项目，其竣工成本分析应以各单位工程竣工成本分析资料为基础，再加上项目经理部的经营效益（如资金调度、对外分包等所产生的效益）进行综合分析。如果施工项目只有一个成本核算对象（单位工程），就以该成本核算对象的竣工成本资料作为成本分析的依据。单位工程竣工成本分析应包括竣工成本分析、主要资源节超对比分析、主要技术节约措施及经济效果分析。

第三节　水利水电工程施工质量控制

一、水利水电工程项目施工质量管理

（一）质量管理的规律与形式

1.PDCA 循环

PDCA 循环又称戴明环，是美国质量管理专家戴明博士首先提出的，它反映了质量管理活动的规律。质量管理活动的全部过程，是质量计划的制订和组织实现的过程，这个过程就是按照 PDCA 循环，不停顿地周而复始地运转的。每一循环都围绕着实现预期的目标，进行计划、实施、检查和处置活动，随着对存在问题的克服、解决和改进，不断增强质量能力，提高质量水平。

PDCA 循环主要包括四个阶段计划（Plan）、实施（Do）、检查（Check）和处置（Action）。

（1）计划

质量管理的计划职能，包括确定或明确质量目标和制定实现质量目标的行动方案两个方面。

（2）实施

实施职能在于将质量的目标值，通过生产要素的投入、作业技术活动和产出过程，转换为质量的实际值。

（3）检查

对计划实施过程进行各种检查，包括作业者的自检、互检和专职管理者专检。

（4）处置

对于质量检查所发现的质量问题，应及时进行原因分析，采取必要的措施，并予以纠正，保持工程质量形成过程的受控状态。

2. 全面质量管理

全面质量管理（Total Quality Control，简称 TQC）是以组织全员参与为基础的质量管理形式，其代表了质量管理发展的最新阶段，它起源于美国，在欧美和日本等工业化国家广泛应用。20 世纪 80 年代后期以来，逐渐由早期的全面质量管理（Total Quality Management，简称 TQM）演化而来，其含义远远超出了一般意义上的质量管理的领域，而成为一种综合的、全面的经营管理方式和理念。我国自 20 世纪 80 年代开始引进和推行全面质量管理以来，在理论和实践上都有了一定的发展，并取得了显著成效。

全面质量管理定义为：一个组织以质量为中心，以全员参与为基础，目的在于通过让顾客满意和本组织所有成员及社会受益而达到长期成功的管理途径。这一定义反映了全面质量管理概念的最新发展，也得到了质量管理界广泛的认同。因此，建设项目的质量管理，应当贯彻如下"三全"管理的思想和方法。

①全方位质量管理。

②全过程质量管理。

③全员参与质量管理。

（二）质量控制的三个阶段

质量控制是质量管理的一部分。质量控制是在明确的质量目标条件下通过行动方案和资源配置的计划、实施、检查和监督来实现预期目标的过程。在质量控制的过程中，运用全过程质量管理的思想和动态控制的原理，主要可以将其分为三个阶段，即事前质量预控、事中质量控制和事后质量控制。

事前质量预控是利用前馈信息实施控制，重点放在事前的质量计划与决策上，即在生产活动开始以前根据对影响系统行为的扰动因素做种种预测，并制订出控制方案。这种控制方式是十分有效的。

事中质量控制也称为作业活动过程质量控制，是指质量活动主体的自我控制和他人监控的控制方式。自我控制是第一位的，即作业者在作业过程中对自己质量活动行为的约束和技术能力的发挥，以完成预定质量目标的作业任务；他人监控是指作业者的质量活动和结果，接受来自企业内部管理者和来自企业外部有关方面的检查、检验。

事后质量控制也称为事后质量把关，以使不合格的工序或产品不流入后道工序、不流入市场。事后控制的任务是对质量活动结果进行评价、认定，对工序质量偏差进行纠偏，对不合格产品进行整改和处理。

以上质量控制的三个阶段构成了有机的系统过程，其实质就是 PDCA 循环原理的具体运用。

（三）工程项目质量的影响因素

影响工程项目质量的因素很多，通常可以归纳为五个方面，具体是指人、材料、机械、方法和环境。事前对这五方面的因素严加控制，是保证施工项目质量的关键。

（1）人

人是生产经营活动的主体，也是直接参与施工的组织者、指挥者及直接参与施工作业活动的具体操作者。人员素质，即人的文化、技术、决策、组织、管理等能力的高低直接或间接影响工程质量。

（2）材料

材料包括原材料、成品、半成品、构配件等，它是工程建设的物质基础，也是工程质量的基础。要通过严格检查验收，正确合理地使用，建立管理台账，进行收、发、储、运等各环节的技术管理，避免混料和将不合格的原材料使用到工程上。

（3）机械

机械包括施工机械设备、工具等，是施工生产的手段。要根据不同工艺特点和技术要求，选用合适的机械设备；正确使用、管理和保养机械设备。工程机械的质量与性能直接影响到工程项目的质量。

（4）方法

方法包括施工方案、施工工艺、施工组织设计、施工技术措施等。在工程中，方法是否合理，工艺是否先进，操作是否得当，都会对施工质量产生重大影响。应通过分析、研究、对比，在确认可行的基础上，切合工程实际，选择能解决施工难题，技术可行，经济合理，有利于保证质量、加快进度、降低成本的方法。

（5）环境

影响工程质量的环境因素较多，有工程技术环境、工程管理环境、劳动环境、法律环境、社会环境等。环境因素对工程质量的影响，具有复杂而多变的特点。因此，加强环境管理，改进作业条件，把握好环境，是控制环境对质量影响的重要保证。

二、水利水电工程项目施工质量控制

建设工程施工是使工程设计意图最终实现并形成工程实体的阶段，是工程质量控制的重要阶段。通常情况下，建设工程的施工质量控制包括了两个方面的含义：①工程项目施工承包企业的施工质量控制；②广义的施工阶段工程项目质量控制，即除承包方的施工质量控制外，还包括业主、设计单位、监理单位以及政府质量监督机构在施工阶段对建设项目施工质量所实施的监督管理和控制。

（一）施工阶段质量控制的目标

施工质量控制的总体目标是贯彻执行我国现行建设工程质量法规和标准，正确配置生产要素和采用科学管理的方法，实现由工程项目决策、设计文件和施工合同所决定的工程项目预期的使用功能和质量标准。不同管理主体的施工质量控制目标不同，但都是致力于实现项目质量总目标的。

①建设单位的质量控制目标，是通过施工过程的全面质量监督管理、协调和决策，保证竣工项目达到投资决策所确定的质量标准。

②设计单位在施工阶段的质量控制目标，是通过设计变更控制及纠正施工中所发现的设计问题等，保证竣工项目的各项施工结果与设计文件所规定的标准相互一致。

③施工单位的质量控制目标，是通过施工过程的全面质量自控，保证交付满足施工合同及设计文件所规定的质量标准（含建设工程质量创优要求）的建设工程产品。

④监理单位在施工阶段的质量控制目标，是通过审核施工质量文件，采取现场旁站、巡视等形式，应用施工指令和结算支付控制等手段，履行监理职能，监控施工承包单位的质量活动行为，以保证工程质量达到施工合同和设计文件所规定的质量标准。

⑤供货单位的质量控制目标，是严格按照合同约定的质量标准提供货物及相关单据，对产品质量负责。

施工阶段的质量控制通常采用自主控制与监督控制相结合、事前预控与事中控制相结合、动态跟踪与纠偏控制相结合以及这些方式综合应用等方式。

（二）施工生产要素的质量控制

1. 劳动主体的控制

首先要做到全面控制，必须要以人为核心，加强质量意识是质量控制的首要工作。施工企业，首先应当成立以项目经理的管理目标和管理职责为中心的管理架构，配备称职管理人员，各司其职；其次提高施工人员的素质，加强专业技术和操作技能培训。

2. 劳动对象的控制

材料（包括原材料、成品、半成品、构件）是工程施工的物质条件，是建筑产品的构成因素，它们的质量好坏会直接影响到工程产品的质量。加强材料的质量控制是提高施工项目质量的重要保证。

对原材料、半成品及构件进行质量控制应做好以下工作：所有的材料都要满足设计和规范的要求，并提供产品合格证明；要建立完善的验收及送检制度，杜绝不合格材料进入现场，更不允许不合格材料用于施工中；实行材料供应"四验"（验规格、验品种、验质量、验数量）、"三把关"（材料人员把关、技术人员把关、施工操作者把关）制度；确保只有检验合格的原材料才能进入下一道工序，为提高工程质量打下一个良好的基础；建立现场监督抽检制度，按有关规定比例进行监督抽检；建立物资验证台账制度；等等。

3. 施工工艺的控制

施工工艺的先进合理是直接影响工程质量、进度、造价以及安全的关键因素。施工工艺的控制主要包括施工技术方案、施工工艺、施工组织设计、施工技术措施等方面的控制，主要应注意以下几点：编制详细的施工组织设计与分项施工方案，对工程施工中容易发生质量事故的原因、预防、控制措施等做出详细的说明，选定的施工工艺和施工顺序应能确保工序质量；设立质量控制点，针对隐蔽工程、重要部位、关键工序和难度较大的项目等设置；建立"三检"制度，通过自检、互检、交接检，尽量减少质量失误；工程开工前编制详细的项目质量计划，明确本标段工程的质量目标，制订创优工程的各项保证措施；等等。

4.施工设备的控制

施工设备的控制主要做好两个方面的工作。一是机械选择与储备。在选择机械设备时，应该根据工程项目特点、工程量、施工技术要求等，合理配置技术性能与工作质量良好、工作效率高、适合工程特点和要求的机械设备，并考虑机械的可靠性、维修难易程度、能源消耗以及安全、灵活等方面对施工质量的影响与保证条件，同时做好足够的机械储备，以防机械发生故障影响工程进度。二是有计划地保养与维护。对进入施工现场的施工机械设备进行定期维修；应在遵守规章制度的前提下，加强机械设备管理，做到人机固定，定期保养和及时修理；建立强制性技术保养和检查制度，没达到完好度的设备严禁使用。

5.施工环境的控制

施工环境主要包括工程技术环境、工程管理环境和工程劳动环境等。

（三）施工过程的作业质量控制

工程项目施工阶段是工程实体形成的阶段，建筑施工承包企业的所有质量工作也要在项目施工过程中形成。工程项目施工是由一系列相互关联、相互制约的作业过程（工序）构成的，因此施工作业质量直接影响工程建设项目的整体质量。从项目管理的角度讲，施工过程的作业质量控制分为施工作业质量自控和施工作业质量监控两个方面。

1.施工作业质量自控

施工作业质量的自控过程是由施工作业组织的成员进行的，一般按"施工作业技术的交底→施工作业活动的实施→作业质量的自检自查、互检互查、专职检查"的基本程序进行。

工序作业质量是直接形成工程质量的基础，为了有效控制工序质量，工序控制应该坚持以下要求。

①持证上岗。

②预防为主。

③重点控制。

④坚持标准。

⑤制度创新，形成质量自控的有效方法。

⑥记录完整，做好有效施工质量管理资料。

2.施工作业质量监控

建设单位、监理单位、设计单位及政府的工程质量监督部门，在施工阶段依照法律法规和工程施工合同，对施工单位的质量行为和质量状况实施监督控制。

建设单位和质量监督部门要在工程项目施工全过程中对每个分项工程和每道工序进行质量检查监督，尤其要加强对重点部位的质量监督评定，负责对质量控制点的监督把关，同时检查督促单位工程质量控制的实施情况，检查质量保证资料和有关施工记录、试验记录，建设单位负责组织主体工程验收和单位工程完工验收，指导验收技术资料的整理归档。

在开工前建设单位要主动向质量监督机构办理质量监督手续，在工程建设过程中，质量监督机构按照质量监督方案对项目施工情况进行不定期的检查，主要检查工程各个参建单位的质量行为、质量责任制的履行情况、工程实体质量和质量保证资料。

设计单位应当就审查合格的施工图纸设计文件向施工单位做出详细说明，参与质量事故分析并提出相应的技术处理方案。

作为监控主体之一的项目监理机构，在施工作业过程中，通过旁站监理、测量、试验、指令文件等一系列控制手段，对施工作业进行监督检查，实现其项目监理规划。

（四）施工阶段的质量控制方法

为了加强对施工过程的作业质量控制，明确各施工阶段质量控制的重点，可将施工过程按照事前质量预控、事中质量监控和事后质量控制三个阶段进行质量控制。

1. 事前质量预控

事前质量预控是指在正式施工前进行的质量控制，其控制重点是做好施工准备工作，并且施工准备工作要贯穿于施工全过程中。

①技术准备包括熟悉和审查项目的施工图纸，施工条件的调查分析，工程项目设计交底，工程项目质量监督交底，重点、难点部位施工技术交底，编制项目施工组织设计，等等。

②物质准备包括建筑材料准备，构配件、施工机具准备，等等。

③组织准备包括：建立项目管理组织机构，建立由项目经理、技术负责人、专职质量检查员、工长、施工队班组长组成的质量管理网络，对施工、现场的质量管理职能进行合理分配，健全和落实各项管理制度，形成分工明确、责任清楚的执行机制，对施工队伍进行入场教育，等等。

④施工现场准备包括工程测量定位和标高基准点的控制，"四通一平"，

生产、生活临时设施等的准备，组织机具、材料进场，制定施工现场各项管理制度，等等。

2. 事中质量监控

事中质量监控是指在施工过程中进行的质量控制。事中质量监控的策略是全面控制施工过程，重点控制工序质量。

（1）施工作业技术复核与计量管理

只要涉及施工作业技术活动基准和依据的技术工作，都应由专人负责复核性检查，复核结果应报送监理工程师复验确认后，才能进行后续相关的施工，以避免基准失误给整个工程质量带来难以补救的或全局性的影响。

（2）见证取样、送检工作的监控

见证取样是指对工程项目使用的材料、构配件的现场取样、工序活动效果的检查实施见证。

（3）工程变更的监控

在施工过程中，由于种种原因会涉及工程变更，工程变更的要求可能来自建设单位、设计单位或施工承包单位，无论是哪一方提出工程变更或图纸修改，都应通过监理工程师审查并经有关方面研究，确认其必要性后，由监理工程师发布变更指令方能生效予以实施。

（4）隐蔽工程验收的监控

隐蔽工程是指将被其后续工程施工所隐蔽的分部分项工程。在隐蔽前所进行的检查验收，是对一些已完分部分项工程质量的最后一道检查。由于检查对象就要被其他工程覆盖，会给以后的检查整改造成障碍，故该项检查是施工质量控制的重要环节。

（5）其他措施

批量施工先行样板示范、现场施工技术质量例会等，也是长期施工管理实践过程中形成的质量控制途径。

3. 事后质量控制

事后质量控制是指在完成施工过程形成产品后的质量控制，其具体工作内容是进行已完施工的成品保护、不合格品的处理和质量检查验收等。

（1）成品保护

在施工过程中，有些分项、分部工程已经完成，而其他部位尚在施工，如果不对成品进行保护就会造成其损伤、污染而影响质量，因此承包单位必须负责对成品采取妥善措施予以保护。对成品进行保护的最有效手段是合理安排施工顺序，通过合理安排不同工作间的施工顺序以防止后道工序损坏或污染已完施工的成品。此外，也可以采取一般措施来进行成品保护。

防护是对成品提前保护，以防止成品可能发生的污染和损伤。例如，对于进出口台阶可采用垫砖或方木、搭脚手板供人通过的方法来保护台阶。

包裹是将被保护物包裹起来，以防损伤或污染。例如，大理石或高级柱子贴面完工后可用立板包裹捆扎保护，管道、电器开关可用塑料布、纸等包扎保护。

覆盖是对成品进行表面覆盖，以防堵塞或损伤。例如，散水完工后可覆盖一层砂子或土以利于散水养护并防止磕碰。

封闭是对成品进行局部封闭，以防破坏。例如，屋面防水层做好后，应封闭上屋顶的楼梯门或出入口等。

（2）不合格品的处理

上道工序不合格，不准进入下道工序施工，不合格的材料、构配件、半成品不准进入施工现场且不允许使用，已经进场的不合格品应及时做出标识、记录，指定专人看管，避免用错，并限期清除出现场；不合格的工序或工程产品，不予计价。

（3）质量检查验收

按照施工质量验收统一标准规定的质量验收划分，从施工作业工序开始，通过多层次的设防把关，依次做好检验批、分项工程、分部工程及单位工程的施工质量验收。

4. 现场质量检查

对于现场所用原材料、半成品、工序过程或工程产品质量进行检验的方法，一般可分为三类，即目测法、量测法以及试验法。

目测法是凭借感官进行检查的，也可称为观感检验。这类方法主要根据质量要求，采用看、摸、敲、照等手法对检查对象进行检查。

量测法是指利用量测工具或计量仪表，通过实际量测结果与规定的质量标准或规范的要求相对照，从而判断质量是否符合要求。

试验法是指利用理化试验或借助专门仪器判断检验对象质量是否符合要求。

第四节　水利水电工程施工安全控制

一、水利水电工程施工安全管理的概念与内容

（一）安全管理的概念

安全管理是企业全体职工参加的、以人的因素为主的、为达到安全生产目的而采取各种措施的管理。它是根据系统的观点提出来的一种组织管理方法，是施工企业全体职工及各部门同心协力，把专业技术、生产管理、数理统计和安全教育结合起来，建立起从签订施工合同，进行施工组织设计、现场平面设置等施工准备工作开始，到施工的各个阶段，直至工程竣工验收活动全过程的安全保证体系，采用行政、经济、法律、技术和教育等手段，有效地控制设备事故、人身伤亡事故和职业危害的发生，实现安全生产、文明施工。

根据施工企业的实践，推行安全管理就是要通过三个方面达到统一目的，即：

①认真贯彻"安全第一，预防为主"的方针；

②充分调动企业各部门和全体职工搞好安全管理的积极性；

③切实有效地运用现代科学技术和安全管理技术，做好设计、施工生产、竣工验收等方面的工作，以预防为主，消除各种危险因素。

目的是通过安全管理，创造良好的施工环境和作业条件，使生产活动安全化、最优化，减少或避免事故发生，保证职工的健康和安全。因此，推行安全管理时，应该注意做到"三全、一多样"，即全员、全过程、全企业的安全管理，所运用的方法必须是多种多样的。

（二）安全管理的内容

①建立安全生产制度。安全生产制度必须符合国家和地区的有关政策、法规、条例和规程，并结合施工项目的特点，明确各级各类人员安全生产责任制，要求全体人员必须认真贯彻执行。

②贯彻安全技术管理。编制施工组织设计时，必须结合工程实际，编制切实可行的安全技术措施，要求全体人员必须认真贯彻执行。

③坚持安全教育和安全技术培训。

④组织安全检查。为了确保安全生产，必须要有监督监察。安全检查员要经常查看现场，要及时排除施工中的不安全因素，纠正违章作业，监督安全技术措施的执行，不断改善劳动条件，防止工伤事故的发生。

⑤进行事故处理。人身伤亡和各种安全事故发生后，应立即进行检查，了解事故产生的原因、过程和后果，提出鉴定意见。在总结经验教训的基础上，有针对性地制订防止事故再次发生的可靠措施。

⑥将安全生产指标作为签订承包合同时的一项重要考核指标。

二、水利水电工程施工安全技术措施

（一）施工安全技术措施的内容

工程施工安全技术措施计划的主要内容包括工程概况、控制目标、控制程序、组织机构、职责权限、规章制度、资源配置、安全措施、检查评价、奖惩制度等。编制施工安全技术措施计划时，应制定和完善施工安全操作规程，编制各施工工种，特别是危险性较大工种的安全施工操作要求，作为规范和检查考核员工安全生产行为的依据。

施工安全技术措施包括安全防护设施的设置和安全预防措施，主要包括17个方面的内容，即防火、防毒、防爆、防洪、防尘、防雷击、防触电、防坍塌、防物体打击、防机械伤害、防起重设备滑落、防高空坠落、防交通事故、防寒、防暑、防疫、防环境污染方面的措施。

（二）施工安全技术措施的实施

①安全生产责任制。建立安全生产责任制是施工安全技术措施计划实施的重要保证。安全生产责任制是指企业对项目经理部各级领导、各个部门、各类人员所规定的在他们各自职责范围内对安全生产应负责任的制度。

②安全教育。

③安全技术交底。

安全技术交底的基本要求：项目经理部必须实行逐级安全技术交底制度，纵向延伸到班组全体作业人员：a.技术交底必须具体、明确，针对性强；b.技术交底的内容应针对分部分项工程施工中给作业人员带来的潜在危害和存在的问题；c.应优先采用新的安全技术措施；d.应将工程概况、施工方法、施工程序、安全技术措施等向工长、班组长进行详细交底；e.定期向由两个以上作业队和多工种进行交叉施工的作业队伍进行书面交底；f.保持书面安全技术交底签字记录。

安全技术交底的主要内容：a.本工程项目的施工作业特点和危险点；b.针对危险点的具体预防措施；c.应注意的安全事项；d.相应的安全操作规程和标准；e.发生事故后应及时采取的避难和急救措施。

三、水利水电工程施工安全检查的分类与内容

安全检查是安全管理的重要内容，是识别和发现不安全因素，揭示和消除事故隐患，加强防护措施，预防工伤事故和职业危害的重要手段。安全检查工作具有经常性、专业性和群众性特点。通过检查增强广大职工的安全意识，促进企业对劳动保护和安全生产方针、政策、规章、制度的贯彻落实，解决安全生产上存在的问题，有利于改善企业的劳动条件和安全生产状况，预防工伤事故发生；通过互相检查、相互督促、交流经验、取长补短，进一步推动企业搞好安全生产。

（一）安全检查的分类

根据安全检查的对象、要求、时间的差异，一般可分为以下两种类型。

（1）定期安全检查

各级定期检查具体实施规定：①工程局每半年进行一次，或在重大节假日前组织检查；②工程处每季度组织一次检查；③工程段每月组织一次检查；④施工队每旬进行一次检查。

（2）非定期安全检查

鉴于施工作业的安全状态受地质条件、作业环境、气候变化、施工对象、施工人员素质等复杂情况的影响，工伤事故时有发生，除定期安全检查外，还要根据客观因素的变化，开展经常性安全检查，具体内容有如下几点。

①施工准备工作安全检查。

②季节性安全检查。

③节假日前后安全检查。

④专业性安全检查。

⑤专职安全人员日常检查。

（二）安全检查的内容

安全检查的内容主要是查思想、查管理、查制度、查隐患、查事故处理。

（1）查思想

检查企业各级领导和广大职工安全意识强不强。

（2）查管理、查制度

检查企业在生产管理中，对安全工作是否做到了"五同时"（计划、布置、检查、总结、评比生产工作的同时）。在新建、扩建、改建工程中，是否做到了"三同时"（即在新建、扩建、改建工程中，安全设施要同时设计、同时施工、

同时投产），是否结合本单位的实际情况，建立和健全了如下安全管理制度：①安全管理机构；②安全生产责任制；③安全奖惩制度；④定期研究安全工作的制度；⑤安全教育制度；⑥安全技术措施管理制度；⑦安全检查制度；⑧事故调查处理制度；⑨特种作业管理制度；⑩保健、防护用品的发放管理制度；⑩尘毒作业、职业病及职工禁忌症管理制度。同时，要检查上述制度执行情况，发现各级管理人员和岗位作业职工违反规章制度的，要给予批评、教育。

（3）查隐患

检查施工现场，检查企业的劳动条件、劳动环境有哪些不安全因素。

（4）查事故处理

检查企业对发生的工伤事故是否按照"找不出原因不放过，本人和群众受不到教育不放过，没有制订出防范措施不放过"的原则，进行严肃认真的处理，即是否及时、准确地向上级报告和进行统计。

第五章 水利水电工程项目评估

项目评估是指工程项目投资及运营整个过程中涉及项目技术经济分析的有关内容,本章论述了可行性研究阶段的项目"前评价"和项目完成后的"后评价"。

第一节 水利水电工程项目评估概述

项目前评价包括财务评价、国民经济评价和社会评价三个层次。从项目周期来看,项目前评价位于项目周期的开始,是在项目建议书和可行性研究阶段进行的。它是在项目开工前对拟建项目的必要性进行分析,论证项目实施的社会经济条件和状况,为建设项目方案的比选、决策提供科学、可靠的依据。项目后评价则位于项目周期的最后一个阶段,是在项目运行一段时间后对已实施的项目进行的全面综合评价,分析项目实施的实际经济效果和影响力,以论证项目的持续能力和最初决策的合理性,为以后的决策提供经验教训。

一、现金流量的概念

具体估算各个投资方案形成的现金流入量、现金流出量、时间和净现金流量,是正确计算投资方案评价指标的基础,也是进行科学的长期投资决策的基础。

(一)计算期

投资决策的过程就是对各种方案的投资支出和投资收益进行比较分析,以选择投资效果最佳的方案。一个完整的投资过程是从花出第一笔钱开始一直到寿命期末不再有收益结束为止。在投资决策的前期,要事先估计一个投资周期,称为计算期或研究期。

计算期的长短取决于项目的性质,或根据产品的寿命周期,或根据主要生产设备的经济寿命，或根据合资合作年限，一般取上述考虑中较短者，最长不超过 20 年。从整个时间长河来看，每个时间点都有现金支出（流出）和现金收入（流入），这种现金的流入和流出称为现金流量。这里的"现金"含义很广，是指各种货币资金或非货币资产的变现价值。为了分析方便，可以人为地将整个计算期分为若干期，通常以一年为一期，并假定现金的流入流出是在年末发生的。

（二）现金流量的概念

现金流量包括现金流入量、现金流出量和净现金流量三个具体概念。

①现金流入量，是指在整个计算期内所发生的实际的现金流入，包括销售收入、固定资产报废时的残值收入，以及项目结束时回收的流动资金等。

②现金流出量，是指在整个计算期内所发生的实际现金支出，包括企业投入的自有资金、销售税金及附加总成本费用中以现金支付的部分、所得税、借款本金支付等。

③净现金流量，是指现金流入量和现金流出量之差。流入量大于流出量时，其值为正，反之为负。

（三）正确估计现金流量需注意的问题

正确估计与投资方案相关的现金流量，需注意以下三个问题。

①与投资方案相关的现金流量是增量现金流量，即接受或拒绝某个投资方案后兑现现金流量的增减变动。只有那些由于采购该项目引起的现金支出的增加额，才是该项目的现金流出；只有那些由于采纳该项目引起的现金收入的增加额，才是该项目的现金流入。

②现金流量不是会计账面数字，而是当期实际发生的现金流量。会计损益表上的税后利润是按照权责发生制原则确定的，而净现金流量是按照收付实现制原则确定的，不仅包括税后利润，还包括非现金支出的费用——折旧费和摊销费。

③排除沉没成本，计入机会成本。沉没成本是指那些在投资决策前已发生的支出，这部分支出不会影响投资方案的选择，现在的决策不为过去的决策承担责任，因此，分析时不应包括在现金流量中。机会成本是指选择了一个投资方案，将会失去投资于其他途径的机会，其他投资机会可能取得的最大收益是实行本方案的一种代价，应计入现金流中。

二、货币的时间价值

（一）基本概念

货币的时间价值是指经过一定时间的货币增值，增值的原因是由于货币的投资和再生产。一元钱今年到手和明年到手是不一样的，先到手的资金可以用来投资而产生新的价值，因此，今年的一元钱比明年的一元钱更值钱。货币时间价值在银行的利息中可以得到体现。但货币时间价值与利息概念不同，它是指在没有风险和通货膨胀条件下的社会平均资金利润率。货币时间价值的重要意义在于，明确货币存在的时间价值，树立使用资金是有偿的观念，有助于资源的合理配置。每个企业在投资时应考虑是否至少能取得社会平均利润率，否则不如投资于其他项目。[①]

（二）计算方法

由于货币随时间的增值过程与利息的增值过程在数字上相似，因此，在换算时普遍使用利息计算的各种方法。以下采用的符号意义表示如下：

i 为利率；n 为计息期数；I 为累计利息；P 为本金或称现值；F_n 为本利和或称将来值；A 为年金。

①单利和复利。单利是指每期均按原始本金计息，利息不计息。计算公式为

$$I_n = Pni \qquad （5-1）$$

$$F_n = P(1+ni) \qquad （5-2）$$

复利是指将本期利息转为下期本金，下期按本利和的总额计息。在以复利计算的情况下，除本金计息外，利息再计利息，即利滚利。

复利的本利和 F_n 的计算公式为

$$F_n = P(1+i)^n \qquad （5-3）$$

$$I_n = P(1+i)^n - P = P\left[(1+i)^n - 1\right] \qquad （5-4）$$

式中，$(1+i)^n$ 被称为复利终值系数。利率相同时，资金的复利利息值大于单利利息值。由于利息是资金时间价值的体现，从这个意义上来说，复利计算方法比单利计算方法更能反映资金的时间价值，因此在技术经济工作中，绝大多数情况是采用复利计算的。

②现值。现值是指未来某一特定金额的现在值。由 $F_n = P(1+i)^n$ 变换，得

---

① 王朝辉，王娟. 货币时间价值原理在运用过程中易错点的分析 [J]. 现代营销，2019（6）：46-47.

到由将来值求现值的公式，见式（5-5）。

$$p = F \frac{1}{(1+i)^n} \tag{5-5}$$

式中，$\frac{1}{(1+i)^n}$ 为复利现值系数。

③年金。年金是指等额、定期的一系列收支。例如，分期等额偿付贷款、零存整取、发放养老金等都属于年金收付形式。

设每年的支付为 A，利率为 i，期数为 n，则

$$F_n = A \frac{(1+i)^n - 1}{i} \tag{5-6}$$

式中，$\frac{(1+i)^n - 1}{i}$ 为普通年金终值系数。

用式（5-5）代入式（5-6）即可求得年金现值公式

$$P(1+i)^n = A \frac{(1+i)^n - 1}{i}$$

$$P = A \frac{1 - (1+i)^{-n}}{i} \tag{5-7}$$

式中，$\frac{1 - (1+i)^{-n}}{i}$ 为普通年金现值系数。

在应用以上公式时应注意以下几点：

a. P 是在当前年度开始时发生；

b. F 是在当前年度以后的第 n 年年末发生；

c. A 是在计算期各年年末发生，当问题包括 P 和 A 时，系列的第一个 A 是在 P 发生一年后的年末发生，当问题包括 F 和 A 时，系列的最后一个 A 是和 F 同时发生；

d. 本年的年末即是下一年的年初。

第二节 项目前评价

一、财务评价

财务评价就是根据国家的财税制度和价格体系，从工程项目角度出发，分析、计算项目直接发生的财务效益和费用，编制有关报表，计算评价指标，考

虑项目的盈利能力、清偿能力以及外汇平衡等财务状况，据以判别项目的财务可行性。建设项目一旦立项就要有具体的部门、单位甚至个人来主持实施，这些实施的主体被称为投资主体。要使投资者有积极性来实施项目，就一定要使项目具有财务上的可行性，必须按照具体的财务环境计算和分析投资者的财务利益，使项目在整个计算期中的财务收入大于财务支出。财务评价主要内容有财务盈利能力分析和清偿能力分析。

（一）财务盈利能力分析

财务盈利能力分析是财务评价的主要内容，它重点分析项目的投资能否从项目的收益中可以回收并获得一定的利润。评价人员在财务现金流量表基础上计算内部收益率等指标，可以得出项目盈利能力水平的结论。盈利能力分析采用的主要评价指标，如图 5-1 所示。

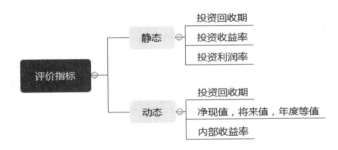

图 5-1　财务评价指标

盈利能力分析需编制下列报表。

1. 全部投资财务现金流量表

全部投资财务现金流量表是从全部投资者角度出发的现金流出和现金流入的汇总，全部投资者包括直接投资者出资的自有资金，也包括间接投资者如债权人出资的贷款。把用于投资的债务资金，看作是现金流出，把利息和借款的偿还看作是投资的回收，来考察项目本身所具有的财务效果。实际上该表除所得税一项外，其他现金流量都不受融资方案的影响，都取决于项目本身。通过计算全部投资所得税前及所得税后财务内部收益率、财务净现值及投资回收期等评价指标，提供给投资者和债权人以最基本信息，从而决定是否值得投资，为各个方案进行比较建立了共同的基础。[1]

---

[1]　吴杰. 水利水电工程项目内部会计控制制度建设探析 [J]. 经济师，2019（12）：104-105.

（1）销售收入

销售收入是指企业销售产品或者提供劳务等取得的收入。计算方法为

$$销售收入 = 产品的销售数量 \times 销售价格 \qquad (5\text{-}8)$$

（2）销售税金及附加

销售税金及附加是指增值税、消费税、营业税、城市维护建设税、资源税和教育费附加等。这些税金及附加可以按销售收入的比例进行估算。

（3）总成本费用与经营成本

经营成本是总成本费用中扣除折旧费、摊销费和利息支出后留存的经营性实际支出。因为折旧和摊销是建设投资在各年当中的分摊，在计算利润时，可以把它看作是成本费用的组成部分，但不是一种经常性的实际支出；建设投资已经在现金流量表中作为现金流出，因此，不再把折旧和摊销作为现金流出，否则会发生重复计算。利息支出虽然是一种实际支出，但在考察全部投资时，利息也是投资收益的组成部分，因此，也不把它看作是现金流出。

（4）所得税

所得税是按税法的规定列出项目的支出。计算所得税时应列出利润计算表，利润总额按国家规定作相应调整后，按税法规定的税率计算所得税。企业发生的年度亏损，可以用下二年度的税前利润等弥补；下一年度利润不足弥补的，可以在五年内延续弥补。

2. 自有资金财务现金流量表

自有资金财务现金流量表计算投资者出资部分的投资效益。因此，投资部分只把自有资金作为现金流出，同时把借款利息和本金的偿还也作为现金流出，这样计算出自有资金财务内部收益率、财务净现值等评价指标，反映了投资者自有资金的实际盈利能力。但这种盈利性同时受到项目方案本身和资金筹措方案的影响。

3. 损益表

损益表反映项目计算期内各年的利润总额、所得税及税后利润的分配情况，用以计算投资利润率、投资利税率和资本金利润率等指标。

（二）财务清偿能力分析

财务清偿能力分析主要考察计算期内各年的财务状况及偿债能力。这是针对项目在实施和运行期间是否有足够的资金满足不同时间上的需要的一种分析。虽然有些项目的投资盈利水平很高，但由于资金筹措不足、资金到位迟缓、应收账款收不上来以及汇率和利率的变化，对项目产生影响，招致损失。为了使项目顺利得以实施，资金筹措方案应保证资金的平衡并保证有足够的资金偿还债务。[①]

资金平衡分析可以通过编制资金来源与运用表来反映，要求各年累计的盈余资金始终大于零，而偿债能力分析则可以通过资产负债表的有关数据计算负债与资本比率、流动比率和速动比率等指标来反映。

1. 资金来源与运用表

资金来源与运用表反映项目计算期内各年的资金盈余与短缺情况，用于选择资金筹措方案，制订适宜的借款及偿还计划，并为编制资产负债表提供依据。

盈余资金表示当年资金来源多于资金运用的数额，当盈余资金为负值时，表示该年资金的短缺数。作为资金的平衡，并不需要每年的盈余资金不为负值，而要求从投资开始至各年累计的盈余资金大于零。要求在计算期的任何时刻都有够用的钱，否则项目将无法进行下去，这点在项目的建设期和投产期尤为重要。当出现资金短缺情况时，可以通过推迟贷款的偿还、增加借款、增加自有资金投入、减少利润分配等措施来解决。

2. 资产负债表

资产负债表综合反映项目计算期内各年末资产、负债和所有者权益的增减变化及对应关系，以考察项目资产、负债、所有者权益的结构是否合理，用以计算资产负债率、流动比率及速动比率，进行清偿能力分析。

资产负债表和前面提到的现金流量表、损益表、资金来源与运用表的一个根本区别在于前者记录的是存量而后者是流量。所谓存量是指某一时刻的累计值，而流量反映的是某一时段发生的流量值。资产负债表中的基本恒等关系是

$$资产 = 负债 + 所有者权益 \tag{5-9}$$

表中各项数字都是指各年年末的存量。资产负债表可以由资金来源与运用表、损益表、投资及折旧估算表中的有关数据计算存量得到。依据资产负债表提供的数字，可以计算反映项目清偿能力和流动性的指标，主要有下列三个。

①负债与资本比率。

$$负债与资本比率 = \frac{负债合计}{资本合计} \tag{5-10}$$

该指标可以反映项目在各时间点上的负债程度及综合偿还债务的能力。

---

① 贾强. 水利水电工程施工造价管理与控制探讨 [J]. 价值工程，2019，38（20）：76-78.

②流动比率。

$$流动比率 = \frac{流动总资产}{流动总负债} \qquad （5-11）$$

该指标可以反映项目偿付流动负债的能力。由于流动资产中含有存货，在短期内难以用来偿还债务，有必要补充第三个指标。

③速动比率。

$$流动比率 = \frac{流动总资产 - 存货}{流动总负债} \qquad （5-12）$$

该指标可以反映项目快速偿付流动负债的能力。

对以上指标很难给出统一的判据，这取决于项目所处环境的风险性。一般经验认为，负债与资本比率不大于 2.0 ～ 3.0，流动比率不小于 1.2，速动比率不小于 1.0。当以上指标达不到上述要求时，被认为项目的风险较大或流动性较差，这时应设法减少或推迟利润的分配以增加项目的抗风险能力。

二、国民经济评价

（一）基本概念

1. 国家参数的概念

国家参数是指在项目经济评价中为计算费用和效益，衡量技术经济指标而使用的一些参数。

从社会观点看，国家参数反映最佳的资源分配、国家的价值判断、国家目标和国家政策。它是数量度量标准，也是价值判别标准，在国民经济评价中有着重要的作用，它直接影响着项目评价和选定的结果。国家参数，原则上应该对所有部门、地区和项目都是一致的，只是在非常特殊的条件下才有可能不一致。比如，一些历史和自然条件比较落后的地区和国家急需发展的或从战略考虑比较重要的部门的项目。对这样的项目，也可能不用统一的国家参数。

国家参数随着时间的进程而应该不断变化。在不同时期，国家有不同的价值判断、经济发展目标和经济政策，所以应该有不同的国家参数。随着经济的发展以及项目经济评价方法和理论体系的日臻完善，国家参数也要不断地进行测算和修订，力求达到投资资金的最佳配置，反映国家的价值判断、经济目标和经济政策。

国家参数主要包括货物影子价格、影子工资、影子汇率和社会折现率等。

（1）货物影子价格

价格是国民经济中的一个关键因素。价格是度量项目费用和效益的统一尺度，价格合理与否关系到费用和效益计算的正确性，从而关系到计价结果的客观性。合理的价格应该反映市场的供求关系、资源的稀缺程度和国际市场价格因素。所以，在国民经济评价中，要用合理的价格对投入物和产出物的现行价格进行调整。这种合理的价格，借助经济数学的定义，称为影子价格。

影子价格的概念是 20 世纪 30 年代末 40 年代初由荷兰数理经济学、计量经济学创始人之一詹恩·丁伯根和苏联数学家、经济学家康特罗维奇分别提出来的。原来意义上的影子价格是指当社会经济处于某种最优状态下时，能够反映社会劳动的消耗、资源稀缺程度和对最终产品需求情况的价格。也就是说，影子价格是人为确定的、比交换价格更为合理的价格。这里所说的"合理"的标志，从定价原则来讲，应该能更好地反映产品的价值，反映市场供求关系，反映资源的稀缺程度；从价格产出的效果来讲，应该能使资源配置向优化的方向发展。

这种原来意义上的影子价格是通过线性规划计算出来的，规划从优化资源配置出发，本身并不含资源的价格，但由于对偶规划的存在，一旦实现了资源的最佳配置，各种资源的最优计划价格也就如影随形地产生了。这就是"影子价格"这一用语的由来，也就是通常所说的"影子价格是线性规划对偶解"的含义。这种求影子价格的方法在理论上比较严密，但因为受各方面条件的限制，很难用这种方法计算出来。根据国外的一些做法和我国的实际情况，一般以口岸价格（以下称国际市场价格）为基础确定投入物和产出物的影子价格。

（2）影子工资

在国民经济评价中，用影子工资度量劳动力费用。影子工资是指拟建项目使用劳动力，国家和社会为此而付出的代价，也就是劳动力作为特殊投入物的影子价格。它由两部分组成：一是劳动力的机会成本，即项目使用劳动力而导致被迫放弃的该劳动力在原来岗位上所有取得的净效益；二是因劳动力就业或转移所增加的社会资源消耗，如交通运输费用、城市管理费用等。这些资源是因项目存在而消耗的，但并没有因此提高劳动力的生活水平。

在国民经济评价中，以影子工资作为劳动力费用，并计入经营成本。从理论上讲，影子工资包括劳动力的机会成本和社会为劳动力的就业或转移所消耗的资源价值。但实际上，劳动力的机会成本是很难计算的，特别是在就业结构不合理，存在着隐蔽性失业的情况下；至于后一部分的估算就更加困难了，因为在项目评估阶段，难以预测到时会增加多少社会资源的消耗，所以，一般以财务评价中的现行工资及福利费为基础，乘一个换算系数，即变换为影子工资。选用工资换算系数应坚持以下原则。①一般的项目，可选用1.0。②对于某些特殊项目，在有充分依据的前提下，可根据项目所在地的劳动力的充裕程度以及项目技术等的特点，适当提高或降低工资换算系数，即或者大于1.0，或者小于1.0。若是项目所在地区就业压力大，或所用的劳动力大部分是非熟练劳动力的项目，可取小于1.0的工资换算系数。因为在这种情况下，劳动力的机会成本是相对比较小的。若是占用大量短缺的专业技术人员的项目，可取大于1.0的工资换算系数。因为在这种情况下，劳动力的机会成本相对比较大，为培训、转移所消耗的社会资源也较多。上述只是给出一个范围，在确定一个具体数值时，还要由评估人员根据项目及项目环境的特点，按照上述原则进行分析和判断。

（3）影子汇率

影子汇率是指两国货币实际购买力的比价关系，即外汇的影子价格。影子汇率在项目的国民经济评价中用以将外汇折算为人民币，对于非美元的其他国家货币，可先按当时国家外汇管理局公布的汇价折算为美元，再用影子汇率折算为人民币。影子汇率影响投资项目决策中的进出口抉择，间接影响项目的经济合理性。一般认为，在国家实行外汇管制和没有形成外汇市场的条件下，官方汇率（国家公布的正式汇率）往往低估了外汇的价值。所以，国民经济评价中必须对官方汇率进行调整，选用较能反映外汇真实经济价值的影子汇率，即外汇的机会成本。外汇的机会成本是在一定的经济政策和经济状况下，由项目投入或产出所导致的外汇的减少或增加给国民经济带来的净损失或净效益。对于投入物来讲，是指因为投入一个美元的外汇，国家实际要支付或国家要消耗的人民币数量；对产出物来讲，是指因为增加一个美元的外汇，国家实际所得到的人民币收入。

（4）社会折现率

社会折现率是资金的影子价格，即投入资金的机会成本。社会折现率是投资决策的重要工具。适当的社会折现率可以促进资源的合理分配，引导资金投向对国民经济净贡献大的项目。原则上，选取的社会折现率应能使投资资金的供需基本平衡。如果社会折现率定得过高，投资资金供过于求，将导致资金积压，也会过高估计货币的时间价值，使投资者偏爱短期项目；如果定得过低，在经济评价中有过多的项目通过检验，将导致投资资金不足，同时也会过低地估计货币的时间价值，偏爱长期项目。

社会折现率的确定体现国家的政策、目标和宏观调控意图，并且既要符合基本理论，又要符合我国的实际情况，应该考虑我国近期的投资收益水平、社会资金的机会成本、国际金融市场上的长期贷款利率以及资金供求状况等因素。

2. 国民经济评价的概念

国民经济评价是按照资源合理配置的原则，从国家整体上考察项目的效益和费用，用货物影子价格、影子工资、影子汇率和社会折现率等经济参数分析、计算项目对国民经济的净贡献，评价项目的经济合理性。

财务评价和国民经济评价结论都可行的项目可以通过，反之应予否定；国民经济评价结论不可行的项目，一般应予否定。对某些国计民生急需的项目，如果国民经济评价结论好，但财务评价不可行，应重新考虑方案，必要时可向国家提出采取经济优惠措施的建议，使项目具有财务生存能力。

从财务评价角度来看是好的项目，从国家的角度来看并不能保证也是一个好的项目。反之，从国家角度来看是一个好的项目，也不一定具有财务可行性。这是因为财务评价是以现时发生的价格来计算项目的收入和支出，但是现实价格由于国家限价、进口管制等政策存在一定的扭曲，且存在技术扩散效应、工业污染等外部效果，所以只有通过国民经济评价才能正确计算和完全体现项目对国民经济的净贡献。由于我国国有投资占主体地位，代表国家的利益，不仅要关心项目的财务效益，更重要的是要关心项目建成后对国民经济产生的效果。因此，对于建设项目除了要进行财务评价之外，还要进行国民经济评价。

（二）费用和效益的识别

国民经济评价采用的主要方法是费用效益分析。费用和效益划分的基本原则是凡项目对国民经济所做的贡献均计为项目的效益，凡国民经济为项目付出的代价均计为项目的费用。在考察项目的效益与费用时，应遵循效益和费用计算范围相对应的原则。

1. 直接费用与直接效益

项目的直接费用是为满足项目投入的需要而付出的代价，是项目使用投入所产生并在项目范围内计算的经济费用，同时也是用影子价格计算的经济价值。直接费用包括项目本身的直接投资和生产物料投入，以及其他直接支出。项目发生的负效益也划为费用。

项目的直接效益是由项目本身产生的由其产出物提供并用影子价格计算的产出物的经济价值，体现为由产出本身的增加，或由产出价值的提高（如质量的提高），或由投入的节省所获得的效益。

项目的直接费用和直接效益统称为项目的内部效益。

2. 间接费用和间接效益

间接费用和间接效益是指项目对经济其余部门的影响，只有同时满足以下两个条件才能被认定为是间接费用和间接效益。一是项目将对与其并无直接关联的其他项目和消费者产生影响；二是这种效果不计价或不需补偿。例如：一个水库枢纽工程项目，除发电、灌溉、防洪等直接效益外，吸引游客参观旅游，刺激了当地的交通、餐饮、旅馆等行业的发展，就是该项目所产生的间接效益。间接费用典型的例子是工业项目所引起的生态环境污染给社会所造成的损失。

间接费用和间接效益统称为外部效果。正确识别项目的外部效果，还需要区别出这种外部效果是技术性的还是钱币性的。如果某种外部效果造成社会总生产和社会总消费发生了实质性的变化，反映了社会总效益的变化，这是技术性的外部效果，计入项目的效益中去。例如，从国外引进高新技术项目所产生的技术扩散的外部效果就属于技术性的外部效果。如果项目造成相对价格的变化，使第三者的效益发生变化，这属于钱币性的外部效果，反映了收入的再分配，是一种转移支付，不应计入项目的效果当中去。例如，某项目生产的产品导致该产品本身价格下降，其补充品价格上升，替代品价格下降，就是钱币性的外部效果，如果计入会造成重复计算。

外部效果通常较难计量，一般情况下可扩大项目的范围，将一些相互关联的项目捆在一起进行评价。此外，由于采用影子价格计算效益和费用，在很大程度上使项目的外部效果在项目内部得到了体现。因此，通过扩大计算范围和调整价格工作，实际上已将很多外部效果内部化了，在具体计算时应避免重复计入。

（三）国民经济评价基本报表及编制办法

在对费用与效益重新鉴别和计量后，一般采用类似于财务评价的形式编制国民经济评价基本报表。报表包括：

①《国民经济效益费用流量表》（全部投资）以全部投资作为计算基础，计算全部投资经济内部收益率、经济净现值等评价指标；

②《国民经济效益费用流量表》（国内投资）以国内投资作为计算基础，将国外借款利息和本金的偿付作为费用流出，计算国内投资的经济内部收益率、经济净现值等指标，并以此作为利用外资项目经济评价和方案比较取舍的依据。所有这些指标的计算和评价的依据是国家统一颁布的社会折现率。

国民经济评价可以直接进行，也可以通过在财务评价的基础上进行调整来完成。为了简便起见，本文采用在财务评价的基础上进行调整的方法来完成国民经济评价。

调整的步骤如下。

第一，效益和费用范围的调整：剔除已计入财务效益和费用中的转移支付，识别项目的间接效益和间接费用。

第二，效益和费用数值的调整。

①固定资产投资的调整：剔除属于国民经济内部转移支付的引进设备、材料的关税和增值税，并用影子汇率、影子运费和贸易费用对引进设备价值进行调整。对于国内设备价值则用其影子价格、影子运用费和贸易费用进行调整；对于建筑费用消耗的人工、三材、其他大宗材料、电力，用影子工资、货物和电力的影子价格调整，或通过建筑工程影子价格换算系数直接调整建筑费用；若安装费中的材料费占很大比重和有进口安装材料，也按材料的影子价格调整安装费用；土地费用按土地占用的机会成本重新计算，剔除涨价预备费；调整其他费用。

②流动资金的调整：调整由流动资金估算基础的变动引起的流动资金占用量的变动。

③经营费用的调整：可以先用货物的影子价格、影子工资等参数调整费用要素，然后再汇总求得经营费用。

④销售收入的调整：先确定项目产出的影子价格，然后重新计算销售收入。

⑤在涉及外汇借款时，用影子汇率计算外汇借款本金与利息的偿付额。

第三节　项目后评价

一、社会评价

社会评价是分析评价项目对实现国家（地方）各项社会发展目标所做的贡献和影响的一种评价方法。

财务评价和国民经济评价主要从经济可行性方面判断一个项目的好与坏，以经济收益水平的高低决定项目的取舍。但是一个项目的实施，不仅对经济产生影响，还会影响到社会、环境、政治等各方面，一个经济上可行的项目有可能在社会上或环境上不可行，甚至产生负的效益，因此对项目进行社会评价是十分必要的。进行社会评价体现了人文观点，分析项目的受益者和受损者，可以有效地调动人们参与项目的积极性，使项目有助于人的自身发展。

原则上所有投资项目都应进行社会评价，但各类项目各具特点，实现的目标及功能各不相同，因而社会评价在各类项目中的作用与内容相距甚远。例如，教育、文化、卫生、体育项目和城市基础设施项目，以创造社会效益为主，对项目主要进行社会评价。农业、林业、水利项目、交通项目，社会效益往往比经济效益明显，也是社会评价的重点。工业类项目以经济效益为主，一般不重点做社会评价；但在边远地区、少数民族地区和贫困地区建设的工业项目，所涉及的社会环境因素比较复杂，应通过社会评价做重点分析。

（一）社会评价的主要内容

社会评价的主要内容包括项目对社会环境的影响、对自然与生态环境的影响、对自然资源的影响，以及对社会经济的影响四个方面。具体如下。

1. 项目对社会环境的影响

项目对社会环境的影响主要包括项目对社会政治、安全、人口、文化教育等方面的影响。

①项目规划与实施中的群众参与，当地人民对项目的态度。

②当地政府对项目的态度与支持。

③对社会安全、稳定、民族关系及妇女的影响。

④对社区社会保障、社区福利的影响。

⑤对当地人民生活质量、风俗习惯、宗教信仰的影响。

⑥对国家国际威望、国防的影响。

⑦收入的公平分配。

⑧就业效益。

⑨对当地人民卫生保健、文化教育的影响。

⑩对社区人民生活、基础服务设施、社会结构、社会生产组织的影响。

2. 项目对生态环境的影响

在环境影响评价基础上，分析评价项目采取环保措施后的环境质量情况，各项污染物治理情况。[1]

①对自然环境污染（废气、废渣、废水、噪声、放射物等）的治理。

②危害生物多样性，影响自然景观。

① 詹忠凯.试论水利水电施工工程技术中的问题及环境保护 [J].价值工程, 2019, 38（21）: 142-143.

③破坏森林植被，造成水土流失。

④传播有害细菌。

⑤诱发地震及其他灾害。

3. 项目对自然资源的影响

该部分主要评价项目对自然资源合理利用、综合利用、节约利用等政策目标的效用。

①节约自然资源，如节约耕地、能源、水资源、生物资源等。

②自然资源综合利用。

③自然国土开发效益。

4. 项目对社会经济的影响

该部分主要评价项目在以下几个方面的作用。

①提高产品等国际竞争力。

②促进国民经济发展。

③促进部门、促进地区经济发展。

④节约时间的社会效益。

⑤技术进步效益。

（二）社会评价的定量指标

社会评价的定量指标大多数应结合行业特点制定，下列指标为各类项目基本通用的指标。

1. 就业效益指标

就业效益指标可按单位投资就业人数计算，即

$$单位投资就业人数 = \frac{新增总就业人数（包括本项目与相关项目）}{项目总投资（包括直接投资与间接投资）} \quad (5\text{-}13)$$

从国家角度分析，一般是项目单位投资所能提供的就业机会越多越好，即就业效益指标越大，社会效益越大。但项目创造的就业机会，往往与项目采用的技术和经济效益密切相关。劳动密集型企业与资本密集型企业，就业效益相差很大。前者创造就业机会多，后者增加就业人数少。行业不同，产品不同，单位投资创造的就业机会也相差很大。项目的就业效益与经济效益常常会有矛盾。因此，就业效益指标很难建立一定的标准来衡量。从地区角度分析来说，我国各地区劳动就业情况不同，有的地区劳动力富余，要求多提供就业机会，有的地区缺乏劳动力，希望多建设资金技术密集型企业，这就很难说就业效益

指标越大越好。在评价时应根据项目所在行业的特点、类型，结合所在地区劳动就业的情况进行具体分析。

2. 收入分配效益指标

我国项目社会评价中收入分配效益主要设置贫困地区收入分配效益指标，以促进地区间的收入分配合理，促进贫困地区经济加速发展。贫困地区收入分配效益指标计算如下。

贫困地区收益分配系数

$$D_i = \left(\frac{\overline{G}}{G}\right)^m \qquad (5\text{-}14)$$

贫困地区收入分配效益为

$$\sum_{t=1}^{n}(CI - CO)_t D_i \left(1 + i_s\right)^{-t} \qquad (5\text{-}15)$$

式中：D_i 为贫困地区收入分配系数；$\overline{G}$ 为项目评价时的全国人均国民收入；G 为同时期的当地人均国民收入；m 为国家规定的扶贫参数，反映国家对贫困地区从投资资金分配上的照顾倾向的价值判断，由国家指定。

国家确定的 m 值越高，贫困地区收入分配系数越大。确定的 m 值对各贫困地区的收益分配系数应大于 1。

国家规定的项目的经济净现值计算式为

$$\sum_{i=1}^{n}(CI\text{-}CO)_{t} \quad (1 + i_s)^{-t} \qquad (5\text{-}16)$$

式中：CI 为现金流入量；CO 为现金流出量；i_s 为社会折现率。

其年净现金流量与 D_i 的乘积将使项目的经济净现值增值，有利于贫困地区建设的投资项目优先通过、优先得到批准。贫困地区一般指老、少、边、穷地区，从长远看，可以是国家确定的经济不发达地区。

3. 自然资源指标

自然资源指标主要包括项目综合能耗、节约耕地和水资源指标。计算公式如下：

$$项目的综合能耗 = \frac{项目的年综合能耗}{项目的净产值} \qquad (5\text{-}17)$$

$$单位投资占用耕地 = \frac{项目占用耕地面积}{项目总投资} \qquad (5\text{-}18)$$

$$单位产品生产耗水量 = \frac{项目年生产耗水量}{主要产品生产量} \qquad （5\text{-}19）$$

4. 环境影响指标

环境影响指标主要评价项目实施对环境影响的后果，在定量分析中设置环境质量指数指标，评价项目是否对各项环境污染物达到国家或地方规定标准。为了便于计算，环境质量指数采用各项环境污染物治理的指数之和的算术平均数。如果该项目对环境的影响很大，各项污染物聚集的程度对环境的影响差别很大，可以对各项污染物聚集的程度给予不同的权重，然后再求平均指数。计算公式为

$$环境质量指数 = \left(\sum_{i=1}^{n} \frac{Q_i}{Q_{io}} \right) / n \qquad （5\text{-}20）$$

式中：n 为该项目排除的污染环境的有害物质的种类，如废水、废气、废渣、噪声、放射物等，有几种则计算几种；Q_i 为有害物质排放量；Q_{io} 为国家或地方规定的 i 种物质最大允许排放量。

（三）社会评价的定性分析

社会评价的定性分析方法与上述定量分析方法不同，一般采用文字分析描述事物的特征，且这些特征是难以量化的。以下是定性分析的指导纲要。

1. 项目对社会经济影响的分析

项目对社会经济的影响主要是指项目对国民经济、地区经济和部门经济带来的效益和影响。

①对提高地区和部门科技水平的影响，项目采用的新技术和技术扩散的影响。

②对自然资源环境保护和生态平衡的影响。

③对提高产品质量和对产品用户的影响。

④对资源利用和远景发展的影响。

⑤对基本设施和城市建设的影响。

⑥对提高人民物质文化生活及社会福利的影响。

⑦对社会安全和稳定，对当地人民的社会保障的影响。

2. 项目与社会相互适应性的分析

项目与社会相互适应性的分析内容主要包括下列几点。

①项目是否适应国家、地区（省、市）发展重点。

②项目的文化与技术的可接受性，主要分析项目是否适应当地人民的需求，当地人民在文化和技术上能否接受此项目，有无更好的成本低、效益高、更易为人民接受的项目方案。

③项目的风险程度，如项目有无风险，人们对此项目的态度和反映，项目能否为贫困户、妇女与受损人群所接受，可采取哪些方法防止社会风险的发生。

④受损人群的补偿问题。分析项目使谁受益、谁受损，提出对他们如何进行补偿措施等。

⑤项目的参与水平。分析社区人群参与项目的态度、要求和参与水平。

⑥项目承担机构能力的适应性。分析项目承担机构的能力，应采取什么措施使其提高能力以适应项目的持续性。

⑦项目的持续性。研究项目能否持续实施并继续发挥效益？对各种影响项目持续性因素，采取什么措施，以保证项目的持续生存。

对于社会评价的定性分析，要确定分析评价的基准线，要在可比的基础上进行有无对比方法分析，要指定一个进行分析的核查提纲，有利于调查分析的深入，并在衡量影响主要程度的基础上，对各项指标进行权重排序，以利于得出最终的综合分析评价结论。

二、项目后评价

1981 年，我国开始对利用外资建设和成套引进国外设备的项目采用可行性研究方法来进行投资方案的比较和选择。从 1984 年起，可行性研究、项目前评估等工作开始应用于国内投资建设项目。1987 年 10 月国家计划委员会发布《建设项目经济评价的方法和参数》规定。2006 年 8 月 1 日国家发展改革委建设部出版了《建设项目经济评价方法与参数》，包括《关于建设项目经济评价工作的若干规定》《建设项目经济评价方法》和《建设项目经济评价参数》三部分，并在大中型建设项目的经济评价中推广使用后，基本上形成了一套比较完整的评价方法，使投资决策的水平与过去相比有了很大程度的提高。

尽管如此，我国在这一领域内同科学的决策水平以及国外先进的决策水平之间仍然存在着很大的差距，主要表现为：在实际应用时，可行性研究并没有发挥应有的作用，虚假可行性研究现象普遍存在，决策中存在随意性，前评估阶段只注重技术方案的比较，经济分析评价比较粗糙，导致决策失误较多，投资效益水平低下。

如果能建立起完善的后评价制度，对前评估进行比较全面客观的检测和衡量，并建立起相应的奖惩制度，相信可以促使项目前评估人员和有关部门在进行前评估时树立高度的责任感，确保项目前评估的客观性和公正性，能够做到及时了解项目实施过程出现的问题和目前还存在的不足，及早纠正计划决策和实施中的失误，还可以避免以后遇到类似的情况时重复以往的错误，从而减少资源的浪费。

（一）项目后评价的概念

后评价是指对已实施或完成的项目（或规划）的目标、执行过程、效益和影响进行系统、客观的分析、检查和总结，以确定目标是否达到，检验项目或规划是否合理和有效率，并通过可靠、有用的信息资料，为未来的决策提供经验和教训。具体地说，后评价是一种活动，它从未来的、正在进行的或过去的一个或一组活动中评价出结果并吸取经验。从微观角度看，它与单个或多个项目，或者一个规划有关；从宏观角度看，它可以是对整个经济、某一部门的经济或经济中某一方面的活动情况进行审查；从空间的含义看，后评价还可以是对某一地区发展趋势的评价。总之，后评价是在项目进行一定时期后，对其进行全面综合的评价，分析项目实施的实际经济效果和影响力，以论证项目的持续能力，判断最初的决策是否合理，为以后的决策提供经验和教训。[①]

（二）项目后评价的方法

1. "有无对比" 法

"有无对比" 是指将项目实际发生的情况与若无项目可能发生的情况进行对比，以度量项目的真实影响和作用。对比的重点是要分清项目作用的影响与项目以外的作用的影响。这种对比用于项目的效益评价和影响评价中。

"有无对比" 中的 "有" 和 "无" 是指评价的对象，即项目。评价是通过项目的实施所付出的资源代价与项目实施后产生的效果进行对比以得出项目业绩是好还是坏的。比较的关键是要求投入的代价与产出的效果口径一致，也就是说，所度量的效果要真正归因于所评价的项目。按照有无项目情况的不同假定，可以划分为以下四种对比方法。

第一种，项目实施前与实施后的数据对比。它只是将项目实施前的情况与项目实施一段时间之后的情况加以对比。这样做有一个隐含的假设，即在没有项目的情况下，项目实施之前的情况将保持不变并一直持续下去。而事实上，由于评价对象本身的发展趋势和其他项目的影响，即使没有项目，评价对象也可能变好或变差。该方法对实施前就有后评价计划的项目最有效，因为这样可

①　杨培岭.现代水利水电工程项目管理理论与实务 [M].北京：中国水利水电出版社，2004.

以收集到特殊数据来提供足够的评价依据。

这种简单的前后数据比较简单易行，成本低。不足之处是很有可能高估或低估项目的作用，准确性较差。所以通常只适用于在实践中时间和人力都受到限制的情形。

第二种，将根据项目实施前的时间序列数据进行的预测结果，与项目实施后的结果对比。这种方法根据评价标准将项目实施后的实际数据与项目实施前的预测结果进行比较。

这种方法适用于历史数据充足，而且预计无项目时，数据具有并保持较为明显的趋势（上升或下降）的情况。如果实施前的数据不稳定，那么预测结果意义不大；如果有充分的理由相信实施前几年的数据发生了变化，则再早的历史数据就不能再使用。

第三种，准随机实验设计。这种方法将受项目直接影响的地区的数据与其他地区的数据进行对比，具体包括：受项目影响的地区与一个类似的地区或没有项目影响的一些地区进行同类指标比较；受项目影响区域内受益于项目的人群和没有受益的人群进行对比。

由于很难确定一个可比较的类似的对象，因此，在确定比较对象和解释对比结果时应十分谨慎；同样，由于没有进行随机抽样，对象群可能不平均，如被比较对象的动机和个性不同很难被鉴别出来，这是这种方法的最大缺陷。

这种方法在可以找到一个与项目对象具有可比性的比较对象时适用。当随机实验方法不可行时，可考虑采用这种方法。另外，尽管本方法有助于控制一些较重要的外部因素；但由于上述局限，它不能作为项目结果评价的一种完全可靠的方法，最好与其他方法一起使用。

第四种，随机实验设计。这种方法是最有效的，同时也是最困难和成本最高的方法。它通过比较事先选好的两组对象，其中一组是受益于被评价项目的，而另外一组没有从中受益。最关键的是比较对象是科学地随机抽取的，除了受项目影响这一点外，两组对象之间应尽可能相似。这种方法也可用来评价项目的某个变量变化时所引起的整体上的变化，可据此确定哪些变量最有效，所以主要用于规划和政策的后评价。这种比较方法也较适用于衡量政策（如扶贫政策）、计划等的实施效果。它能准确地衡量项目的效果，但成本也相对其他方法高。

选择一种评价的方法主要取决于评价开始的时间、可获得的以及期望的精确度。这些方法并不一定单独使用，前三种方法中的一种或几种通常一起使用。在实际应用时，尽量使用最精确的评价方法，如果是衡量使个人受益的项目，最好采用方法四。当不能使用方法四时，应结合前三种方法一起使用，即评价应比较指标的前后值，根据项目实施之前的时间序列数据做出预测，寻找没有从实施该项目中受益的对象，综合三种方法的结果可以得出比较完整的结论。另外，尽量避免单独使用方法一，因为评价方法一不是一个有效的工具。但无论开始选择了哪种方法，若以后的情况证明有更好的方法时都应及时修正。

2. 逻辑框架矩阵法

逻辑框架矩阵法（Logical Framework Matrix，以下简称 L-F 方法）是由美国国际发展署于 1970 年提出的一种开发项目的工具，用于项目的规划、实施、监督和评价。它可以帮助对关键因素进行系统的选择和分析。L-F 方法可以用来总结一个项目的诸多因素（包括投入、产出、目的和宏观目标）之间的因果关系（如资源、活动、产出），评价发展方向（如目的、宏观目标）。该方法有助于评价者"思考和策划"，侧重于分析项目的运作（如项目的对象、目的、进行时间和方式等）。

L-F 方法不是一种机械的方法程序，而是一种综合、系统地研究和分析问题的思维框架。因此，不能把这种方法看成机械的程式化的公式。在后评价中采用这种方法有助于对关键因素或关键问题做出系统的合乎逻辑的分析，找出项目成功或失败的主客观原因。

（1）逻辑框架的模式

逻辑框架模式如表 5-1 所示，横行代表项目目标的层次，包括达到这些目标所需要的方法（垂直逻辑）；竖行代表如何验证这些目标是否达到（水平逻辑）。

表 5-1　逻辑框架的模式

概述	客观验证指标	验证方法	重要假设条件
目标	实现目标的衡量标准	资料来源采用的方法	目的和目标的假设条件
目的	项目最终状况	资料来源采用的方法	产出和目的间的假设条件
产出	计划完成日期产出的定量	资料来源采用的方法	投入与产出间的假设条件
投入	资源特性与等级、成本计划投入日期	资料来源	项目的原始假设条件

（2）垂直逻辑

垂直逻辑关系划分为下列四个层次。

①目标：通常是指高层次的目标，该目标可由数个项目来实现，如提高农业产出、扩大就业、改善老年人的生活状况、生态保护等。

②目的：确定"为什么"要实施这个项目。

③产出：项目提供可计量的直接结果。例如，水利灌溉项目的产出是建立供水和灌溉网络。项目的产出并不直接实现上一层次的目标（增加稻米产出），它只是提供实现目标的手段和条件。

④投入与活动：描述项目是"怎样"被执行的，包括资源投入的量和时间。

以上四个层次由自下至上的三个逻辑关系相连接。第一级是如果保证一定的资源投入，并加以很好的管理，预计有怎样的产出；第二级是项目的产出与社会或经济变化之间的关系；第三级是项目的目的对整个地区甚至整个国家更高层次目标的贡献的关联性。

（3）水平逻辑

每个层次的目标应该有验证指标、验证方法和重要的假设前提，这些就构成了水平方向的逻辑关系，即客观的验证指标和重要的假设条件。所谓客观的验证指标是指各层次目标应尽可能地有客观的可度量的验证指标，包括数量、质量、实现（或提供）的时间以及负责实施的人员。而重要的假设条件是指可能对项目的进展或结果产生影响，而项目管理者又无法控制的那些条件。这种失控的发生有多方面的原因，首要的是项目所在地的特定自然环境及自然变化。例如农业项目，管理者无法控制的一个主要因素是气候，变化无常的天气可能使庄稼颗粒无收，计划彻底失败。这类的自然风险还包括地震、干旱、洪水、台风和病虫害等。

（4）结果分析

L-F方法主要致力于不同层次目标的关系及其与相应的假设条件的存在性的分析，主要结论有以下几点。①效率性。这主要反应项目投入与产出间的关系。因此，这种效率性的估计反映项目把投入转换为产出的成功程度，也反映项目管理的水平。项目的监控系统就是主要为改进效率性提供信息反馈而建立的。项目完成报告主要反映的是项目实现产出的管理业绩，因此，可以说它关心的主要是效率性。②效果性。效果性主要反映的是项目的产出对目的贡献的程度。关于这种层次的关联性主要是后评价的任务。效果性主要取决于对象群对项目活动的反应。关于对象群的行为的假设条件是关键因素。③项目的影响。项目的影响估计主要反映项目的目的与最终目标间的关系，它可度量出项目对对象群提供的效益（和费用）。后评价一般在项目完成后两年内进行，但重要的社会经济影响，可能要在完成后的 5 ～ 10 年才变得清晰。④持续性分析。项目的效果或影响是否能持续下去是后评价要做出的重要结论。这方面的问题有：缺少资金的维护设施，缺少技术、设备配件，运输管理不善，社会经济环境的变化使资源无法提供。

持续性分析的逻辑框架部分是基于后评价的实际结果分析，更重要的是基于新情况下对各种逻辑关系的重新预测，在原有框架基础上加以修正的。

（三）项目后评价的内容

1. 效益评价

效益评价是对后评价时点以前各年度中项目实际发生的效益与费用加以核实，并对后评价时点以后的效益与费用进行重新预测。在此基础上，计算评价指标，对项目的实施效果加以评价，并从中找出项目中存在的问题及产生问题的根源。效益评价是项目后评价的核心内容，包括财务评价和国民经济评价。

（1）后评价的效益评价与前评估中的区别

后评价中财务与国民经济评价的原则与方法与前评估相似，但也有一些不同之处，主要区别有以下三点。

第一，前评估采用的是预测值，后评价则对已发生的财务现金流量和经济流量采用实际值，并对后评价时点以后的流量做出新的预测。

第二，实际发生的财务会计数据都含有物价总水平上涨（通货膨胀）的因素。通常采用的盈利能力指标是不含通货膨胀成分的。因此，对后评价采用的财务数据要剔除物价上涨因素，以实现前后的一致性和可比性。当财务现金流量来自会计财务报表（账本）时，对以权责发生制下应收而实际未收到的债权和非货币资金都不可计为现金流入，只有当实际收到时才作为现金流入；同理，应付而实际未付的债务资金不能计为现金流出，只有当实际支付时才作为现金流出。必要时，对实际的财务数据要做出调整。

第三，国民经济后评价在财务后评价基础上调整时，效益费用流量发生的时间要以资源实际耗用和效益实际产生的时间为准。例如：销售（或服务）已发生，款项未收（应收款），在财务评价中不作为现金流入，但从国家和社会角度来看，效益已发生，应计为国民经济评价的效益流；同理，已发生的资源投入和耗用，款项未付（应付款），在财务评价时不作为现金流出，但从国家和社会角度来看，资源已投入与耗用，应作为国民经济评价的费用流。

（2）效益评价中使用的价格

导致价格变化的因素有相对价格变动因素和物价总水平上涨因素。前者指因价格政策变化引起的国家定价和市场价比例的变化，以及因商品供求关系变化引起的供求均衡价格的变化等。后者指因货币贬值（又称通货膨胀）而引起的所有商品的价格以相同比例向上浮动。为了消除通货膨胀引起的"浮肿"盈利，计算"实际值"的内部收益率等盈利能力指标，使项目与项目之间、项目评价指标与基准评价参数之间以及项目后评价与项目前评估之间具有可比性，财务评价原则上应采用基价，即只考虑计算期内相对价格变化，不考虑物价总水平上涨因素的价格计算项目的盈利性指标。与前评估的不同之处在于，前评估是以建设初期的物价水平为基准，而后评价则是以建设期末的物价水平为基准，这种区别对内部收益率的计算结果没有影响。

价格调整的步骤如下。

①区分建设期内各年的各项基础数据（包括固定资产投资、流动资金）中的本币部分和外币部分。

②以建设期末国内价格指数为100，利用建设期内各年国家颁布的生产资料价格上涨指数逐年倒推得出以建设期末为基准表示的以前各年的国内价格指数（离后评价时点越远，价格指数越小）。用各年的国内价格指数调整基础数据中的本币部分。

③以建设期末的国外价格指数为100，利用世界银行颁布的生产资料价格指数逐年倒推得出以建设期末为基准表示的以前各年的国外价格指数，用各年的国外价格指数调整基础数据中的外币部分。

④用建设期末的汇率将以前各年的外币投资数据基价换算为以本币表示的外币投资数据基价。

⑤加总本币投资数据基价和以本币表示的外币投资数据基价得到建设期内各年以基价表示的各项投资数据。

⑥生产经营期内各年的投入物、产出物价格选择，如果在后评价时点之前发生，应调整为建设期末的价格水平表示的基价，否则由项目后评价人员根据有关资料以建设期末的价格水平为基准，不考虑物价总水平上涨因素，只考虑相对价格变化预测得出。

《建设项目经济评价方法与参数》中规定，对于建设期较短的项目，在项目前评估中可以采用如下简化处理方法：建设期内各年采用时价，生产经营期内各年均采用以建设期末物价总水平为基础并考虑生产经营期内相对价格变化的价格。当实际价格总水平与预测值相差不大时，为了与前评估具有可比性，对于这一类项目在后评价中对建设期内各年的基础数据可采用实际发生的价格，生产经营期内各年采用以建设期末为基准的实际（或预测）价格。

（3）效益评价中项目的计算期

在后评价中进行效益评价时采用的项目计算期应与前评估中采用的计算期一致，否则会改变评价指标的值。如果计算期太短，会低估效益评价中的一个最重要的指标——内部收益率。而计算期太长时，既费时又对提高精度没有太大的帮助，因为由于货币的时间价值的作用，越往后产生的效益对内部收益率的影响度越小。

（4）效益评价的指标

评价指标是项目效益的重要标志，同一评价指标在不同的时间和地点可能会有不同的含义，这意味着要花费一定的精力来解释某一指标的值。因而，在选择评价指标时应非常慎重，它既要能准确反映项目的实际情况，又要具有项目与项目之间的可比性，而且还要便于数据资料的收集。指标体系并不是越复杂越好，大而全的指标体系既耗费人力、财力，也不利于准确反映项目的实际情况。

效益评价的主要指标是财务内部收益率和经济内部收益率。由于后评价和前评估中采用的价格基准不同，所以两者的净现值不具有可比性，故不作为后评价中效益评价的指标。

2. 影响评价

影响评价是评价项目对于其周围地区在经济、环境和社会三个方面所产生的作用和影响。影响评价站在国家的宏观立场，重点分析项目与整个社会发展的关系。

影响评价包括经济影响评价、环境影响评价和社会影响评价。由于国民经济评价中已采用影子价格、影子工资、影子汇率等经济参数，并且可以衡量项目的部分外部效果和无形效果，所以项目的某些影响已经反映在国民经济评价中。

影响评价要严格区分项目因素的影响和其他非项目因素的影响。

（1）经济影响评价

项目的经济影响评价主要分析和评价项目对所在地区（区域）及国家等外部环境经济发展的作用和影响。其中包括对分配效果、技术进步、产业结构的影响等。

1）分配效果

分配效果是指项目效益在各个利益主体（中央、地方、公众和外商）之间的分配比例是否合理。在过去的20年中，很多经济学家尝试用数量的方法来区别不同收入水平的群体的收入效果，但由于理论上的争议和数据收集上的困难，一直未能在实践中加以应用。在我国，宏观上难以通过财政手段（税收）来调控财富的分配，所以有必要在项目层次上加以分析。衡量分配效果的方法是在效益评价的基础上将财务评价进一步从各出资者（包括中央各部门、地方各部门、企业、银行、公众等）角度出发的财务分配效果，将国民经济评价进一步细化，分别以中央、地方、公众和外商为主体的经济效果评价。前者的现金流入部分建议采用出资者的股利收入和盈余资金之和，现金流出部分采用出资者的自有资本投入。

此外，分配效果分析中还应包括项目对不同地区的收入分配的影响。对于相对富裕地区和贫困地区的收入分配可设立不同的权重系数，鼓励项目对经济不发达地区的投资。

2）技术进步

根据国家计委、科委和经贸委等部门颁布的技术政策、产业政策并参照同行业国际技术发展水平进行项目对技术进步的影响分析，主要用于衡量项目所选用的技术的先进和试用程度，项目对技术开发、技术创新、技术改造、技术引进的作用，项目对高新技术产业化、商品化和国际化的作用以及项目对国家部门和地方技术进步的推动作用。

3）产业结构

由于历史的影响，我国的产业结构不尽合理。生产力发展受一些瓶颈部门的严重制约，如农业、基础设施、基础工业等。此外，新型的产业结构要求提高第三产业的比例。所以，评价项目的建立对国家、地方的生产力布局、结构调整和产业结构合理化的影响也是经济影响评价的一个主要内容。

（2）环境影响评价

项目的环境影响评价是指对照项目前评估时批准的《环境影响报告书》，重新审查项目环境影响的实际结果，审查项目环境管理的决策、规定规范、参数的可靠性和实际效果。环境影响评价包括污染控制、对地区环境质量的影响、自然资源的保护与利用、对生态平衡的影响和环境管理等。

1）污染控制

检查和评价项目的废气、废水、废渣和噪音是否在总量和浓度上达到了国家和地方政府颁布的标准，项目选用的设备和装置在经济和环境保护效益方面是否合理，项目的环保治理装置是否做到了"三同时"并运转正常，项目环保的管理和监测是否有效，等等。

2）对地区环境质量的影响

分析对当地环境影响较大的若干种污染物，分析这些物质与环境背景值的关系，以及与项目的废气、废水、废渣排放的关系。

3）自然资源的保护与利用

自然资源的保护与利用包括水、海洋、土地、森林、草原、矿产、渔业、野生动植物等自然界中对人类有用的一切物质和能量的合理开发、综合利用、保护和再生。重点是能源、水资源、土地等资源的合理开发与综合利用等。

4）对生态平衡的影响

对生态平衡的影响主要是指人类活动对自然环境的影响。内容包括：人类对植物和动物种群（特别是珍稀濒危的野生动植物）、重要水资源涵养区、具有重要科教文化价值的地质构造及其相互依存关系的影响；对可能引起或加剧的自然灾害和危害的影响，如土壤退化、植被破坏、洪水和地震等。

5）环境管理

环境管理包括：环境监测管理；"三同时"和其他环保法令和条例的执行；环保资金、设备及仪器仪表的管理；环保制度和机构、政策和规定的评价；环保的技术管理和人员培训；等等。

（3）社会影响评价

社会影响评价主要分析项目对国家或地区社会发展目标的贡献和影响，包括项目本身和对周围地区社会的影响。内容如下。

1）就业效果

就业效果在国民经济评价中已通过影子工资给予综合的考虑。对于非熟练劳动力投入（如建设期民工和劳动力投入）给予较低的影子工资率，就是部分地考虑了就业的效果。但是，对有些项目有必要对就业效果给予特别的注意，分析单位投资的就业人数以及就业的机构等。除此以外，亚洲开发银行还要求对特别贫穷地区（或部门）和妇女给予特殊的注意。

2）居民的生活条件和生活质量

居民的生活条件和生活质量包括居民收入的变化、人口和计划生育、住房条件和服务设施、教育和卫生、营养和体育活动、文化历史和娱乐等。

3）受益者范围及其反应

该评价内容对照原有的受益者，分析谁是真正的受益者、投入和服务是否达到了原定的对象、实际项目受益者的人数占原定目标的比例、受益组人群的受益程度、受益者范围和水平是否合理等。

4）参与

该评价内容包括当地政府和居民对项目的态度，他们对项目计划、实施和运行的参与程度，正式或非正式的项目参与机构及其机构是否健全，等等。

5）地方社区的发展

项目对当地城镇和地区基础设施建设和未来发展的影响，如社区的社会安定、社区福利、社区的组织机构和管理机制等。

6）妇女、民族和宗教信仰

该评价内容包括妇女的社会地位、少数民族和民族团结、当地人民的风俗习惯和宗教信仰等。

（4）持续性评价

持续性评价是指在项目建成投入运行之后，对项目的既定目标是否能按期实现，项目是否可以持续保持产出较好的效益，接受投资的项目业主是否愿意并可以依靠自己的能力继续实现既定的目标，项目是否具有可重复性等方面做出评价。

评价项目的持续性应分析下列几个因素。

1）政府政策因素

从政府政策因素分析持续性条件，重点解决以下几个问题：①哪些政府部门参与了该项目；②这些部门的作用和各自的目的是什么；③对项目的目标各部门是怎样理解表述的；④根据这些目的所提出的条件和各部门的政策是否符合实际？如果不实际，需要做哪些修改？政策的多变是否影响到该项目的持续性。

2）管理、组织和参与因素

从项目各个机构的能力和效率来分析持续性的条件，如项目的管理人员的素质和能力、管理机构和制度、组织形式和作用、人员培训、地方政府和群众的参与和作用等。

3）经济财务因素

在持续性分析中要强调：①评价时点之前的所有项目投资都应作为沉没成本不再考虑。项目是否继续的决策应在对未来费用和收益的合理预测以及项目投资的机会成本（重估值）的基础上做出；②通过项目的资产负债表等来反映项目的投资偿还能力，并分析和计算项目是否可以如期偿还贷款及其实际偿还期；③通过对项目未来的不确定性分析来确定项目持续性的条件。

4）技术因素

技术因素包括引进技术装备、开发新技术和新产品等。技术持续性分析应对照前评估来确定关键技术的内容和条件，从技术培训和当地装备维修条件分析当地实际条件是否满足所选择技术装备的需求，并应分析技术选择与运转操作费用（包括与汇率的关系）、新产品的开发能力和使用新技术的潜力等方面的内容。

5）环境和生态因素

这两部分的内容与项目影响评价的有关内容类似。但是，持续性分析应特别注意这两方面可能出现的反面作用和影响，从而可能导致项目的终止以及值得今后借鉴的经验和教训。

（5）过程评价

过程评价是指根据项目的结果和作用，对项目周期内的各个环节进行回顾和检查，对项目的实施效率做出评价。

1）建设必要性评价（立项决策评价）

在这一阶段，首先，要对确定的项目方案进行分析，分析在同样的资金投入前提下，有无其他替代方案，也可以达到同样的项目效果，甚至更好的效果。其次，检查立项决策是否正确，这要根据当前国内外社会经济环境来验证项目前评估时所做的预测是否正确，例如，分析产品生产销售量、占领市场范围、项目实施的时机、产品价格和产品市场竞争能力等方面的变化情况，并做出新的趋势预测，如果项目实施结果信息预测离目标较远，要提出对策建议。

2）勘测设计评价

勘测设计评价的内容包括：勘测设计的程序、机构和人员素质、规范、定额等是否严格执行，是否符合国家现行有关政策与法规；引进工艺和设备是否采用了现行国家标准或发达国家的工业先进标准；勘测工作质量（包括水文地质和资源勘探）的可靠性。

3）施工评价

施工评价的内容包括评价施工单位组织、机构和人员素质，总承包、总分包的施工组织方式，施工技术准备，施工组织设计的编制，施工技术组织措施的落实情况，施工技术人员的培训，施工质量和施工技术管理，施工过程监理和施工技术管理，施工过程监理活动等，也包括设备采购方式与效果的评价。

4）生产运营评价

生产运营评价的内容包括生产、销售、原材料和燃料的供应和消耗情况，资源综合利用情况以及生产能力的利用情况等。

参考文献

［1］水利部水文局. 水文学概论［M］. 北京：中国水利水电出版社，2017.

［2］徐智彬，朱朝霞. 水文地质勘测方法［M］. 武汉：中国地质大学出版社，2013.

［3］朱岐武，拜存有. 水文与水利水电规划［M］. 郑州：黄河水利出版社，2008.

［4］钱波，郭宁. 水利水电工程施工组织设计［M］. 北京：中国水利水电出版社，2012.

［5］薛桦，赵中宇，李建华. 水利水电工程施工技术与施工组织［M］. 郑州：黄河水利出版社，2014.

［6］杨培岭. 现代水利水电工程项目管理理论与实务［M］. 北京：中国水利水电出版社，2004.

［7］高伟，普正宏. 水利水电工程基础处理施工技术探析［J］. 价值工程，2019，38（19）.

［8］贺新忠. 水利水电工程建设施工监理控制分析［J］. 价值工程，2019，38（33）.

［9］贾强. 水利水电工程施工造价管理与控制探讨［J］. 价值工程，2019，38（20）.

［10］姜琪，许言. 水利水电工程施工的提质增效措施［J］. 大科技，2019（36）.

［11］孔香香. 施工规划设计在水利水电工程建设管理中的作用［J］. 价值工程，2019，38（17）.

［12］李衍超. 水利水电工程设计项目管理方法及应用［J］. 装饰装修天地，2019（20）.

［13］李智锋．水利水电工程中水闸施工技术与管理分析［J］．装饰装修天地，2019（23）．

［14］林平．工程管理视角下水利水电项目施工技术研究［J］．中国房地产业，2019（28）．

［15］刘涛．水文地质问题对工程地质勘查的影响研究［J］．农业科技与信息，2019（21）．

［16］马超．水文地质问题对工程地质勘察的影响要点论述［J］．装饰装修天地，2019（24）．

［17］马瑞娟，李志成．水文地质勘测技术在工程建设中的应用［J］．中国科技纵横，2018（5）．

［18］梅坤．浅析水利水电项目施工技术及工程管理策略［J］．城镇建设，2019（9）．

［19］穆春吉．关于水利水电施工管理对策研究［J］．建材发展导向（上），2019，17（11）．

［20］欧智贤．水利水电工程项目施工的成本管理［J］．大科技，2019（27）．

［21］尚海涛．水利水电工程施工现场管理技术［J］．装饰装修天地，2019（21）．

［22］苏海军，王建国．水利水电工程防渗施工技术要点［J］．河南水利与南水北调，2019，48（11）．

［23］王明德．浅析水利水电工程施工现场安全管理［J］．智能城市，2019，5（23）．

［24］旺扎．水工环地质勘察中存在的问题及防治措施分析［J］．智能城市，2019，5（23）．

［25］魏林良，李自翔．水利水电工程施工管理及安全管控措施［J］．价值工程，2019，38（22）．

［26］魏林良，马文波，蒋泰稳．水利水电施工导流及围堰技术分析［J］．价值工程，2019，38（19）．

［27］吴杰．水利水电工程项目内部会计控制制度建设探析［J］．经济师，2019（12）．

［28］肖战权．水利水电工程的施工项目管理探析［J］．湖北农机化，2019（21）．

［29］徐春峰．水利水电工程施工进度控制的原则与措施［J］．建材发展导向（上），2019，17（12）．

［30］杨克珊．施工导流和围堰技术在水利水电施工中的应用分析［J］．价值工程，2019，38（18）．

［31］杨庆凡．工程地质勘测中水文地质问题的思考［J］．大科技，2017（23）．

［32］姚深恩．水利水电工程项目决策及施工前期工作研究［J］．低碳世界，2019，9（10）．

［33］姚文生．工程地质勘测中水文地质的影响与应对［J］．中国金属通报，2019（10）．

［34］詹忠凯．试论水利水电施工工程技术中的问题及环境保护［J］．价值工程，2019，38（21）．

［35］张洪奎．水利水电工程施工中常见问题及对策［J］．中国战略新兴产业，2020（2）．

［36］周文．水利水电工程的施工管理问题探讨［J］．装饰装修天地，2019（22）．

［37］朱国成．浅析水利水电工程的项目管理及造价控制方法［J］．珠江水运，2019（19）．

［38］陈婷，夏军，邹磊．汉江上游流域水文循环过程对气候变化的响应［J］.中国农村水利水电，2019（9）．

［39］李淑君，胡秋灵．项目区水量供需平衡分析［J］．河南水利与南水北调，2019，48（7）．

［40］方冰．关于几种类型降雨的成因分析［J］．西部大开发：中旬刊，2012（6）．

［41］王朝辉，王娟．货币时间价值原理在运用过程中易错点的分析［J］．现代营销，2019（6）．